BILDATLAS
DER DINOSAURIER

ENTDECKEN · VERGLEICHEN · WISSEN ERWEITERN

William Lindsay
Illustrationen von Giuliano Fornari

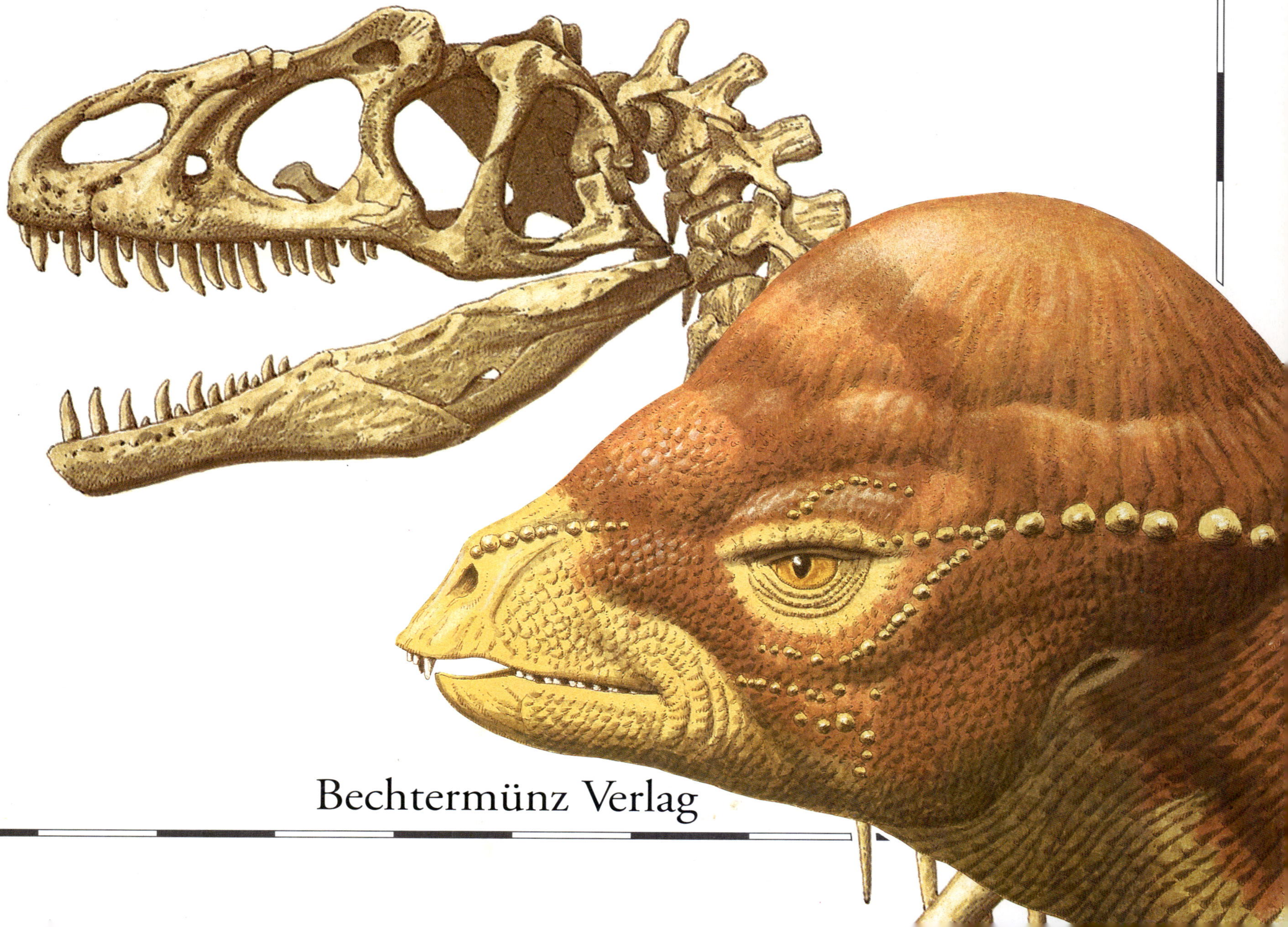

Bechtermünz Verlag

Ein Dorling-Kindersley-Buch

Gestaltung: Richard Czapnik
Redaktion der Originalausgabe:
Penny Britchfield, Vicky Davenport, John C. Miles
und Angela Wilkes
Art Director: Roger Priddy

Genehmigte Lizenzausgabe für Bechtermünz Verlag
im Weltbild Verlag GmbH, Augsburg 1997

Aus dem Englischen von Stefan Conert
Titel der Originalausgabe: »The Great Dinosaur Atlas«

Umschlaggestaltung: Atelier Langenfass, Ismaning

Printed in Italy
ISBN 3-86047-727-7

In dieser Reihe sind bereits erschienen:

Bildatlas der Entdeckungen
Bildatlas des Körpers
Bildatlas der Meere
Bildatlas der Tiere
Bildatlas der Welt
Bildatlas des Weltalls
Bildatlas der Vögel
Bildatlas der Alten Kulturen
Bildatlas der Erde

Inhalt

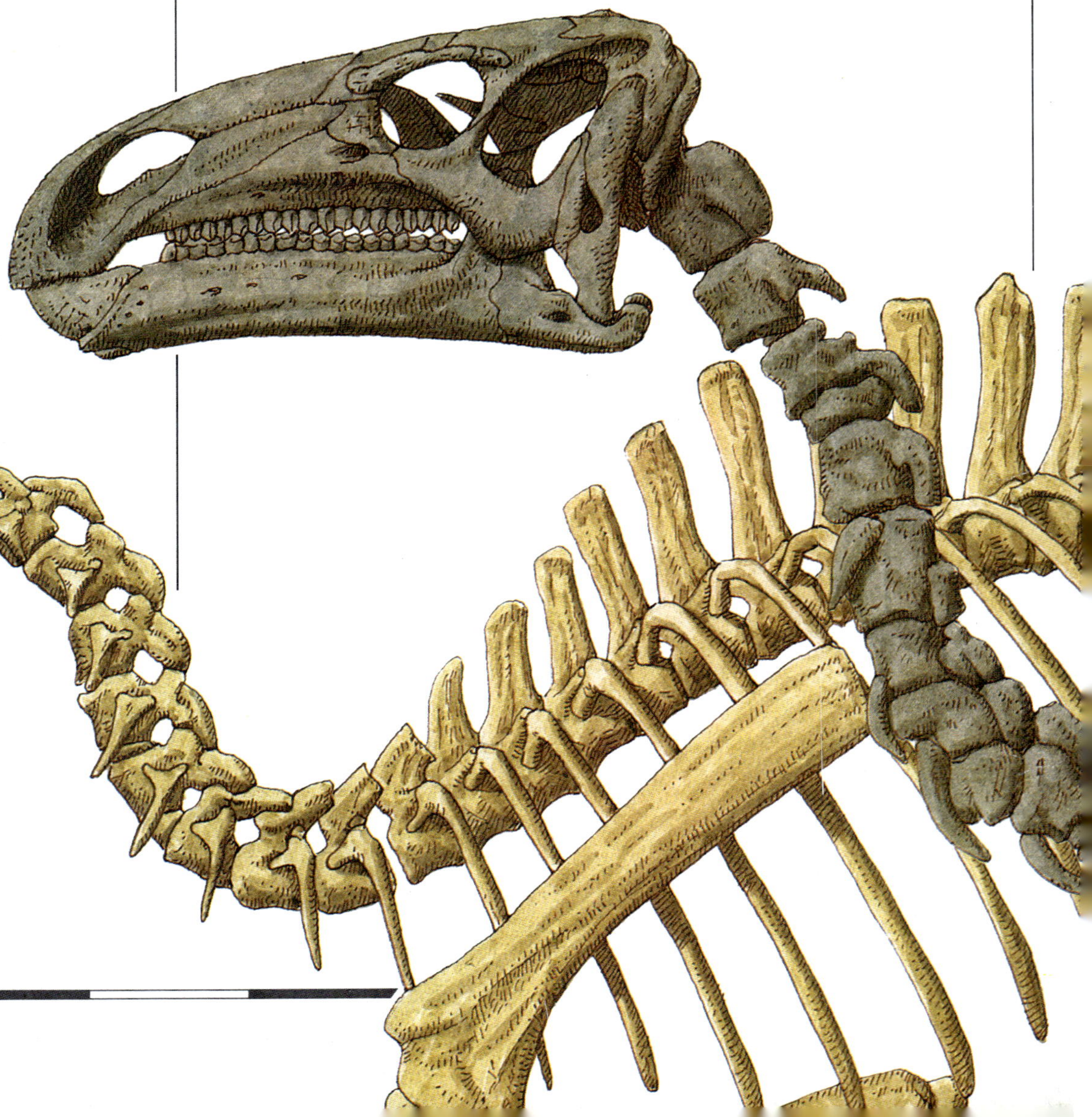

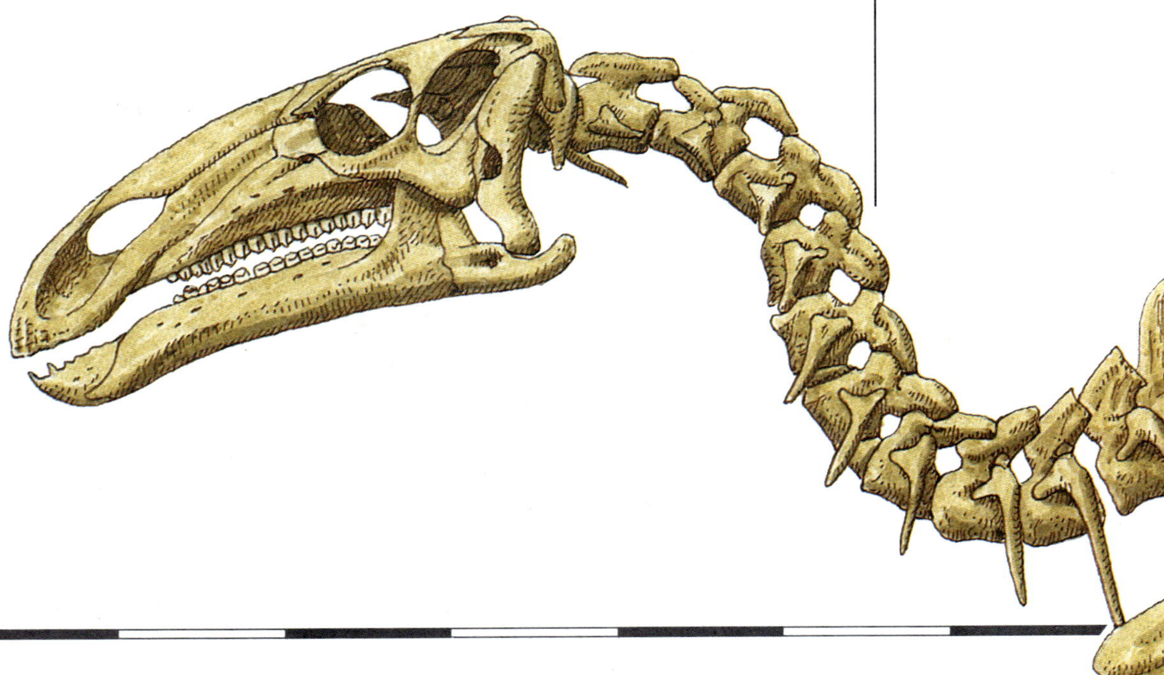

Kopf an Kopf

Vor mehr als 220 Millionen Jahren entwickelte sich auf der Erde eine neue Tiergruppe: die Dinosaurier. Wie Krokodile, Schlangen und Schildkröten gehören die Dinosaurier zu den Reptilien. Diese Tiere sind in ihrer Körpertemperatur von der Umgebung abhängig und legen ihre Eier auf dem Lande ab. Unter den Dinosauriern gab es sowohl Pflanzen- als auch Fleischfresser.

Kein Mensch hat je lebende Dinosaurier gesehen, denn die ganze Tiergruppe starb vor etwa 64 Millionen Jahren aus. Was wir heute über die Dinosaurier wissen, stammt von ihren versteinerten Überresten. Dennoch läßt sich daraus ein fantastisches Bild der Dinosaurier entwerfen, die 150 Millionen Jahre lang die Erde beherrschten.

Edmontosaurus
Ein Entenschnabel-Dinosaurier, der in Nordamerika gefunden wurde

Eudimorphodon
Kein Dinosaurier, sondern ein Vertreter der Flugsaurier

Saurornithoides
Ein Sichelkrallen-Dinosaurier, der sich von Beutetieren ernährte

Archaeopteryx
Kein Dinosaurier, sondern der älteste bisher bekannte Vogel; er hatte Federn.

Protoceratops
Ein Vorläufer der Horn-Dinosaurier aus der Mongolei

Ouranosaurus
Ein riesiger Pflanzenfresser mit einem Rückensegel

Dromaeosaurus
Ein fleischfressender Sichelkrallen-Dinosaurier, der in Kanada gefunden wurde

Euoplocephalus
Ein Panzer-Dinosaurier, der mit Knochenplatten bedeckt war

Stegosaurus
Ein Stachel-Dinosaurier, auf dessen Rücken Knochenplatten standen

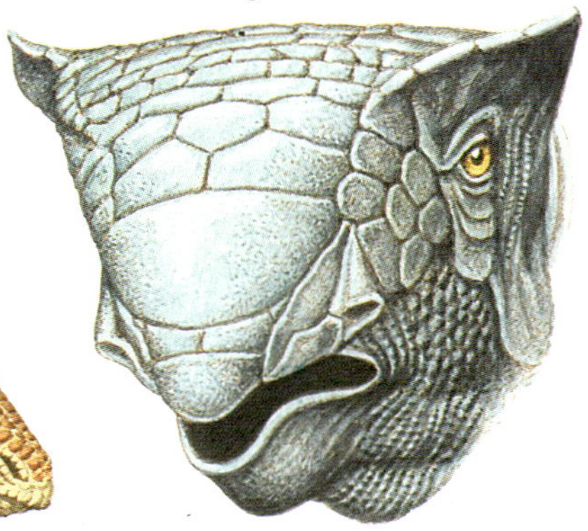

Ankylosaurus
Dieser Panzer-Dinosaurier lebte in Nordamerika.

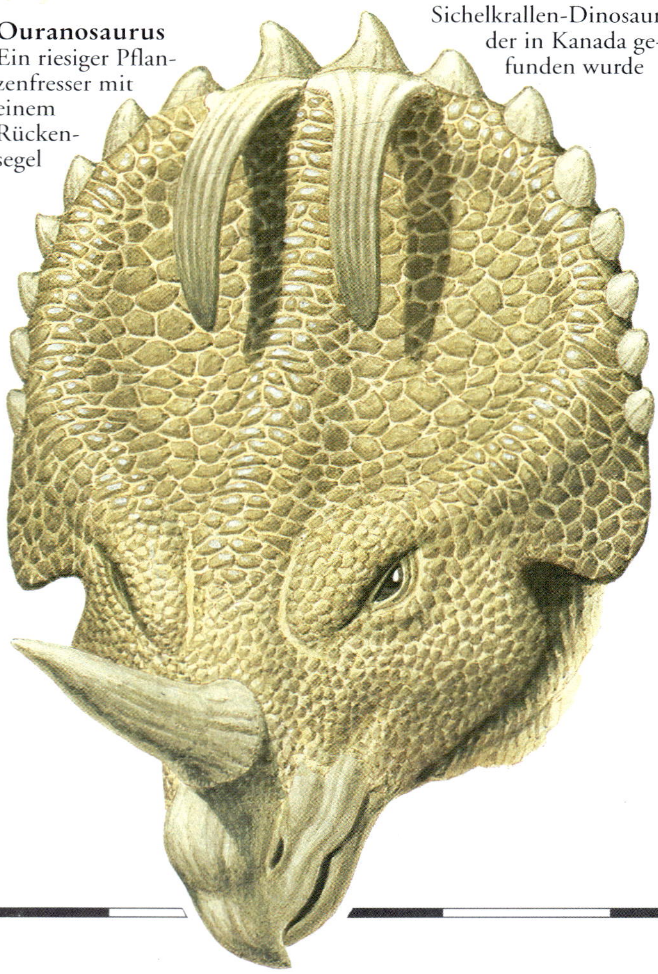

Centrosaurus
Ein Horn-Dinosaurier mit einem großen Nackenschild

Troodon
Ein schnellfüßiger Jäger

Triceratops
Ein Horn-Dinosaurier mit einem schweren Nackenschild

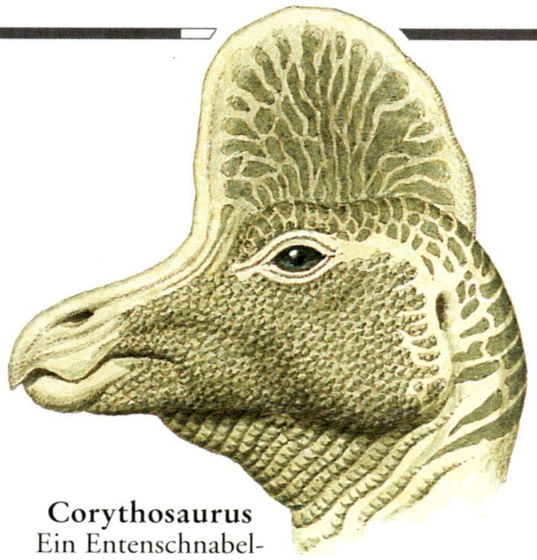

Corythosaurus
Ein Entenschnabel-Dinosaurier mit Knochenkamm

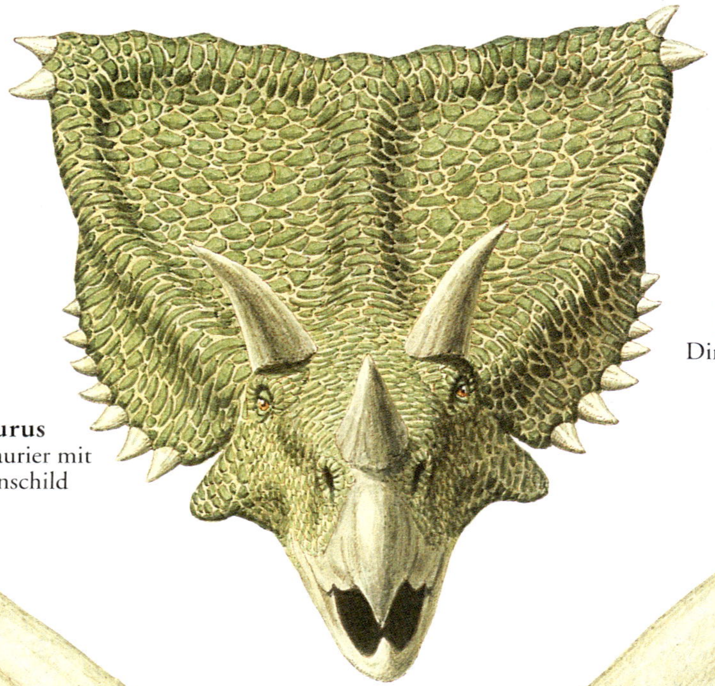

Chasmosaurus
Ein Horn-Dinosaurier mit großem Nackenschild

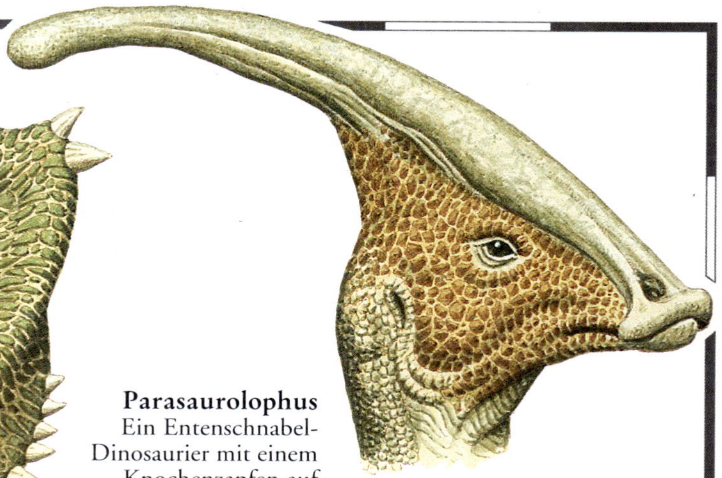

Parasaurolophus
Ein Entenschnabel-Dinosaurier mit einem Knochenzapfen auf dem Kopf

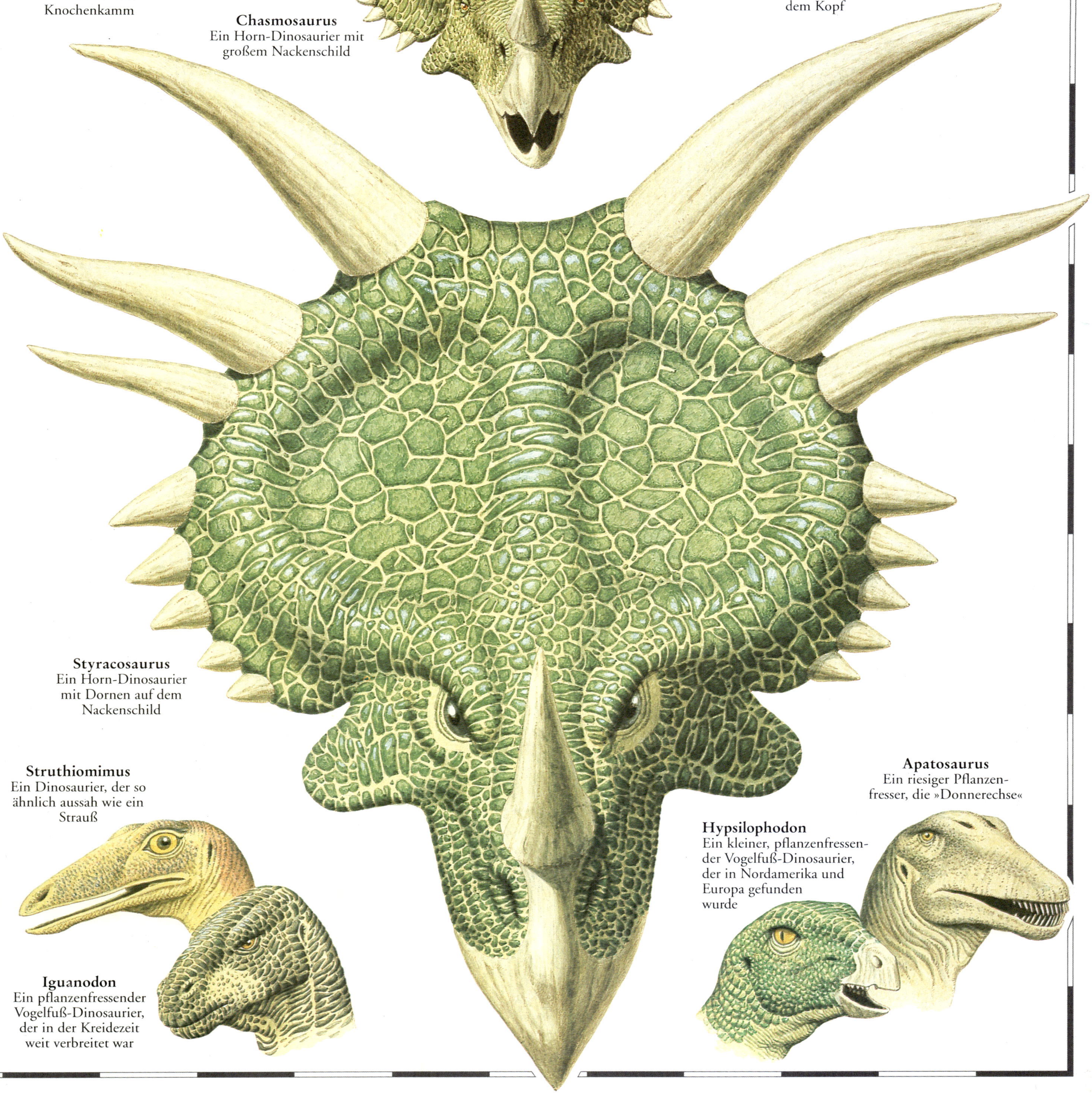

Styracosaurus
Ein Horn-Dinosaurier mit Dornen auf dem Nackenschild

Struthiomimus
Ein Dinosaurier, der so ähnlich aussah wie ein Strauß

Iguanodon
Ein pflanzenfressender Vogelfuß-Dinosaurier, der in der Kreidezeit weit verbreitet war

Apatosaurus
Ein riesiger Pflanzenfresser, die »Donnerechse«

Hypsilophodon
Ein kleiner, pflanzenfressender Vogelfuß-Dinosaurier, der in Nordamerika und Europa gefunden wurde

Das Zeitalter der Dinosaurier

Überall auf der Welt werden Versteinerungen von Dinosauriern gefunden. Auf dieser Karte sind die Orte eingezeichnet, an denen die wichtigsten Funde gemacht wurden. Die abgebildeten Dinosaurier lebten nicht zur gleichen Zeit, vielmehr umfaßte der Zeitraum, in dem sie die Erde beherrschten, etwa 150 Millionen Jahre. Er begann mit *Staurikosaurus* und *Herrerasaurus*, die in Südamerika gefunden wurden, und endete mit *Tarbosaurus* und *Velociraptor*, die in Asien lebten. Die Skelette der Dinosaurier sind in Gestein eingeschlossen, das aus Schlamm und Sand entstand.

Europa

In Europa wurden die ersten Dinosaurier entdeckt, und hier ist auch im 19. Jahrhundert der Name für diese Riesen der Vorgeschichte zuerst verwendet worden. Bis heute werden immer wieder neue Überreste von Dinosauriern entdeckt. In Steinbrüchen oder beim Ausheben von Baugruben für Straßen und Hochhäuser kommen manchmal Versteinerungen dieser Tiere zum Vorschein.

Nordamerika

In Nordamerika wurden lange Zeit die aufsehenerregendsten Funde von Dinosauriern gemacht. Vor allem im Westen der USA und Kanadas wurde eine große Anzahl von Versteinerungen entdeckt. Hier legten Wind und Wasser viele Fossilien frei. Expeditionen in den »Wilden Westen« vor etwa 100 Jahren brachten eine reiche Ausbeute. Aber auch heute werden noch viele Forschungsreisen unternommen.

Antarktika

Auf diesem Kontinent wurden erst in den letzten Jahren Versteinerungen von Dinosauriern entdeckt. Bisher wurden zwei Exemplare geborgen, von denen eines mit *Hypsilophodon* verwandt ist. Zur Zeit wird es im Naturhistorischen Museum in London genau untersucht.

Südamerika

In Südamerika wurden bisher weit weniger Dinosaurier gefunden als in Nordamerika. Dennoch sind diese Entdeckungen von hervorragendem wissenschaftlichen Wert. Nachdem mehrere Fossilien in Argentinien und Brasilien ausgegraben worden sind, hat man nun auch in Chile, Kolumbien, Uruguay und Peru Versteinerungen von Dinosauriern entdeckt.

Mit Sicherheit gibt es noch viele Orte auf der Erde, an denen Versteinerungen von Dinosauriern zu finden sind. Aber in Afrika oder Antarktika stößt die Suche nach ihnen auf große Schwierigkeiten, weil man die Gebiete, in denen sie zu vermuten sind, schwer erreichen kann. Dinosaurier werden auf allen Kontinenten gefunden, in Nord- und Südamerika wie in Grönland, in Japan wie auf Madagaskar. Manche wurden zufällig entdeckt, andere auf Expeditionen, die ganz gezielt unternommen wurden. Ständig werden neue Funde gemacht, und immer wieder werden Dinosaurier entdeckt, die eine Lücke in der Kenntnis ihrer Entwicklungsgeschichte schließen. In vielen Ländern gibt es Museen, in denen die Skelette von Dinosauriern ausgestellt sind. Sie zeigen nicht nur eine Fülle merkwürdiger Tierformen, sondern geben Zeugnis von einer langen Geschichte der Lebewesen auf der Erde.

Asien

Sensationelle Funde von Dinosauriern wurden in den letzten Jahrzehnten in Asien gemacht. Amerikanische, russische, polnische und mongolische Wissenschaftler sind damit beschäftigt, die Fossilien aus der Wüste Gobi zu untersuchen. Neue Entdeckungen gab es inzwischen auch in Indien und China.

Afrika

Auf diesem großen Kontinent gibt es viele Gebiete, in denen zur Zeit der Dinosaurier Gebirge entstanden und die Reste der toten Tiere zu Versteinerungen wurden. Jetzt kommen diese Fossilien wieder zum Vorschein, weil die Gesteine verwittern. Die ältesten Dinosaurier wurden in Südafrika entdeckt, die jüngsten, in Marokko, Algerien, Ägypten und in der Sahara. Die bisher berühmteste Fundstelle liegt in Ostafrika, in Tansania bei Tendaguru.

Das Alter der Erde

Man schätzt das Alter der Erde auf 4600 Millionen Jahre. Diesen Zeitraum teilt man in Urzeit, Altzeit, Mittelzeit und Neuzeit ein. Jedes Zeitalter wird in Perioden gegliedert und ist durch bestimmte Gesteinsbildungen und Fossilien charakterisiert. Die Dinosaurier lebten in der Mittelzeit (Mesozoikum) vor 225 bis 64 Millionen Jahren. Ihre Entwicklung begann in der Trias und endete mit der Kreidezeit.

Mesozoikum	TRIAS vor 225-193 Millionen Jahren
	JURA vor 193-136 Millionen Jahren
	KREIDE vor 136-64 Millionen Jahren

Australien und Neuseeland

In Australien fand man Versteinerungen von Dinosauriern im Süden und Osten des Kontinents, viele erst in den letzten Jahrzehnten. In Neuseeland wurde der erste Dinosaurier 1980 auf der Nordinsel entdeckt.

Die Erde verändert sich

Seit ihrer Entstehung vor 4,6 Milliarden Jahren hat sich das Aussehen der Erde ständig verändert. Die feste Erdkruste wird von riesigen Platten gebildet, die auf dem flüssigen Erdinneren schwimmen. Nur die höchsten Teile der Platten ragen über die Meeresoberfläche heraus. Diese Landmassen nennen wir Kontinente. Die Platten sind seit ihrer Entstehung in ständiger Bewegung. Manche stoßen aneinander, so daß sich riesige Gebirgszüge aufwölben. Andere bewegen sich auseinander, und unter dem Meer entstehen lange Tiefseegräben. Dieser Bewegung der Erdkruste ist es zuzuschreiben, daß wir versteinerte Fische in der Sahara finden und Muschelschalen im Himalaya – und daß überall auf der Erde Dinosaurier zu finden sind.

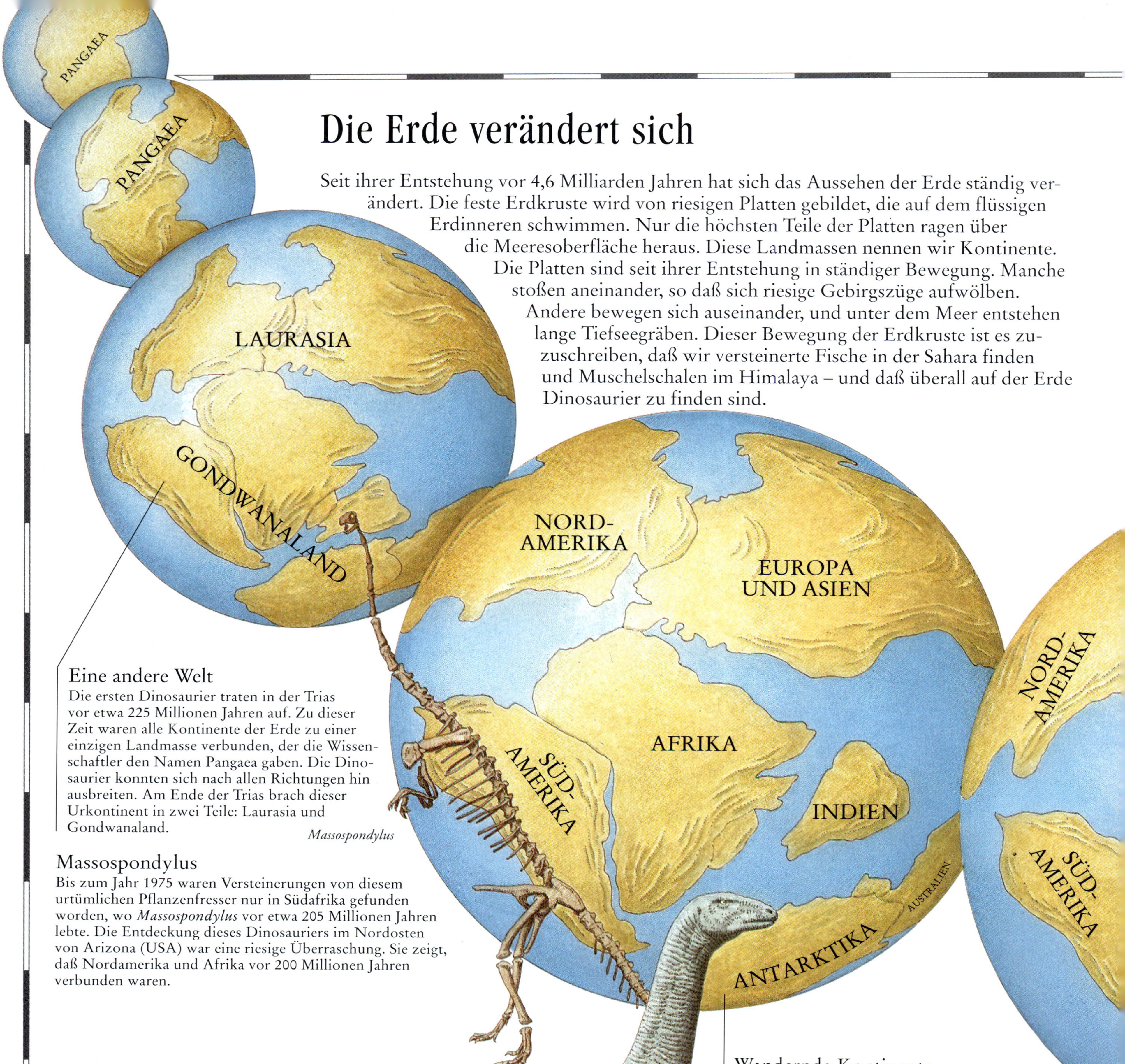

Eine andere Welt

Die ersten Dinosaurier traten in der Trias vor etwa 225 Millionen Jahren auf. Zu dieser Zeit waren alle Kontinente der Erde zu einer einzigen Landmasse verbunden, der die Wissenschaftler den Namen Pangaea gaben. Die Dinosaurier konnten sich nach allen Richtungen hin ausbreiten. Am Ende der Trias brach dieser Urkontinent in zwei Teile: Laurasia und Gondwanaland.

Massospondylus

Massospondylus

Bis zum Jahr 1975 waren Versteinerungen von diesem urtümlichen Pflanzenfresser nur in Südafrika gefunden worden, wo *Massospondylus* vor etwa 205 Millionen Jahren lebte. Die Entdeckung dieses Dinosauriers im Nordosten von Arizona (USA) war eine riesige Überraschung. Sie zeigt, daß Nordamerika und Afrika vor 200 Millionen Jahren verbunden waren.

Rhoetosaurus

Jungtier von *Rhoetosaurus*

Wandernde Kontinente

Gegen Ende des Jura, vor etwa 145 Millionen Jahren, wurde die Lücke zwischen dem Nordkontinent Laurasia und dem Südkontinent Gondwanaland immer größer. Indien begann nach Norden zu driften. Zwischen Afrika und der noch zusammenhängenden Landmasse von Nordamerika und Europa bildete sich ein Flachmeer, ebenso zwischen Nordamerika und Asien.

Funde aus dem Oberjura

Unter den Dinosauriern, die im Westen der USA gefunden wurden, ragen die Langhalsigen Pflanzenfresser *Barosaurus* und *Brachiosaurus* wegen ihrer Größe hervor. Beide sind auch in Tansania (Ostafrika) entdeckt worden. Da die Dinosaurier keinen Ozean durchschwimmen konnten, müssen Nordamerika und Afrika zu dieser Zeit miteinander verbunden gewesen sein. *Rhoetosaurus*, ein Verwandter der beiden, wurde in Australien gefunden. Er muß diesen Teil der Erde besiedelt haben, bevor Australien sich von der übrigen Landmasse trennte.

Iguanodon

Immer in Bewegung

Nach dem Aussterben der Dinosaurier vor etwa 64 Millionen Jahren haben die Kontinente ihre heutige Lage eingenommen. Indien ist auf seinem Weg nach Norden gegen Asien geprallt, wobei sich die Gebirgsketten des Himalaya auftürmten. Das Meer, das die Sahara bedeckte, trocknete aus. Daß die Erdkruste auch heute noch in Bewegung ist, zeigen Erdbeben und Vulkanausbrüche.

Iguanodon

Iguanodon gehört zu den Vogelfuß-Dinosauriern und lebte vor etwa 120 Millionen Jahren. Auch die Funde dieses Dinosauriers zeigen, daß die heutigen Kontinente zu seiner Zeit miteinander verbunden waren. *Iguanodon* wurde nicht nur in England, Belgien und Deutschland entdeckt, sondern auch in Afrika und Nordamerika (South Dakota/USA). Fußabdrücke der Tiere wurden außerdem auf Spitzbergen im Nordpolarmeer und in Südamerika gefunden.

Größere Entfernungen

Mit dem Beginn der Kreidezeit wurden die Entfernungen zwischen den Kontinenten immer größer. Die entstehenden Flachmeere existierten oft nicht lang, aber der Atlantische Ozean weitete sich von Süden her immer weiter aus. Australien und Antarktika drifteten von Südamerika und Afrika weiter ab.

Binnenmeere

In der Oberkreide, vor etwa 80 Millionen Jahren, öffnete sich der Atlantische Ozean in gleichem Maße, wie die Kontinente auseinanderdrifteten. Auf den Landmassen entstanden Flachmeere. Sie trockneten bald wieder aus, bildeten aber für die Ausbreitung der Dinosaurier unüberwindliche Grenzen.

Ost und West

Pinacosaurus und *Euoplocephalus*, zwei pflanzenfressende Panzer-Dinosaurier, die gegen Ende der Kreidezeit lebten, wurden sowohl in Ostasien als auch im westlichen Nordamerika entdeckt. Eine ähnliche Verbreitung hatten die beiden riesigen fleischfressenden Dinosaurier *Tyrannosaurus* (Nordamerika) und *Tarbosaurus* (Mongolei). Bis heute ist nicht sicher, ob es sich bei ihnen um zwei eng verwandte Arten handelt oder um verschieden große Tiere derselben Art. Das Verbreitungsgebiet dieser Dinosaurier zeigt, daß es in der Oberkreide eine Landbrücke zwischen Asien und Nordamerika gab. Von den anderen Kontinenten war diese Landmasse aber durch das Meer getrennt.

Euoplocephalus

Pinacosaurus

Dinosaurier im Oberjura

Im Staate Utha (USA) hat der Green River im Laufe langer Zeiträume ein enges, tiefes Tal in das Gebirge geschnitten. Dabei wurde eine steil aufgerichtete, 60 m lange Felsplatte freigelegt, in die dicht bei dicht versteinerte Knochen von Dinosauriern eingebettet waren. Diese Platte kann man heute im »Dinosaur National Monument« bewundern. Nach dem ersten Fund eines Dinosauriers sind in dieser Gegend noch mehr als 5000 Exemplare entdeckt worden. Die toten Körper wurden vor etwa 150 Millionen Jahren im seichten Wasser einer Flußbiegung zusammengeschwemmt und von Sand und Schlamm bedeckt. Aufgrund dieses »Friedhofs der Dinosaurier« läßt sich das unten dargestellte Bild entwerfen.

Hügelland

Im westlichen Teil des Gebietes flossen Bäche die Hügel herab. Sie vereinigten sich in der Ebene zu einem Fluß, in dem sich in einer Biegung der Schlamm absetzte.

Herdentiere

Hier lebten die riesigen Pflanzenfressenden Dinosaurier *Camarasaurus, Apatosaurus, Diplodocus* und *Barosaurus*. Sie ernährten sich von Farnen und Schachtelhalmen.

Verlagerung nach Osten

In der Ebene verlagerte sich das Flußbett allmählich nach Osten. Der in der Trockenzeit träge dahinfließende Fluß wurde in der Regenzeit zu einem reißenden Gewässer.

An der Wasserstelle

Im Uferschlamm des Flusses und der Teichränder blieben viele Fußabdrücke von Dinosauriern erhalten. Die Tiere zogen hier zur Wasserstelle, wie es heute Elefanten tun.

Flußbänke

Während der Regenzeit baute das schnellfließende Wasser große Flußbänke aus Sand und Schlamm auf. An sie wurden die Körper der toten Dinosaurier geschwemmt.

Ornitholestes und Dryosaurus

Mit 2 m Länge war *Ornitholestes* hier der kleinste fleischfressende Dinosaurier. Dennoch gehörte der etwas größere pflanzenfressende *Dryosaurus* zu seinen Beutetieren.

Tote Dinosaurier

Während der Regenzeit wurden die Körper der toten Dinosaurier vom Wasser in das Flußbett eingegraben. Viele der toten Körper wurden dabei zerstört, andere von Aasfressern verzehrt, und nur wenige versanken im Schlamm.

Andere Tiere am Fluß

Nicht nur Dinosaurier lebten in diesem Gebiet. Auf den Flußbänken sonnten sich Krokodile wie *Hoplosuchus* und *Goniopholis* und erbeuteten Fische. In den Flußabschnitten mit langsam fließendem Wasser gab es Schildkröten und verschiedene Arten von Fröschen.

Nadelgehölze und Baumfarne

In der Umgebung des Flusses wuchsen ausgedehnte Wälder. Sie wurden von urtümlichen Nadelgehölzen gebildet, z. B. von Ginkgobäumen und Bennettideen, die an eine Ananas erinnern. Auch Baumfarne und Schachtelhalme waren vertreten und dienten den Pflanzenfressern als Nahrung.

Ceratosaurus

Ceratosaurus war nur halb so groß wie *Allosaurus*, aber mit 6 m Länge dennoch ein gefährliches Raubtier. Auffallend sind die Wülste und das Horn auf seinem Kopf.

Camptosaurus

Camptosaurus gehört wie *Iguanodon* zu den Vogelfuß-Dinosauriern. Mit seinem langen, hornigen Schnabel riß er Blätter ab und zermahlte sie mit seinen kräftigen Backenzähnen.

Stegosaurus

Dieser Stachel-Dinosaurier lief auf allen vieren und weidete mit dem Hornschnabel Pflanzen ab. Das 6 bis 7 m große Tier hatte einen nur 40 cm langen Kopf, und sein Gehirn war nicht größer als eine Walnuß. Auf dem Rücken trug *Stegosaurus* zwei Reihen von Knochenplatten. Am Schwanzende standen riesige Stacheln, mit denen er sich verteidigen konnte.

Allosaurus

Die riesigen Pflanzenfresser, die zu dieser Zeit lebten, hatten in *Allosaurus* einen fürchterlichen Feind. Der Raubtier-Dinosaurier war 12 m lang, bis 4,5 m hoch und wog 1 bis 2 t. Dieses Ungetüm konnte sich wahrscheinlich nur langsam bewegen, und es ist möglich, daß es sich vorwiegend von Aas ernährte. Seine Vorderbeine waren so kurz, daß die Krallen nicht einmal bis zum Maul reichten. In Utah wurden neben Versteinerungen von ausgewachsenen Tieren auch Fossilien von 1 m langen Jungtieren entdeckt.

Zu Beginn der Kreidezeit

Vor 120 Millionen Jahren war die Landschaft im Süden Englands von Flüssen und Bächen durchzogen und mit Teichen und Seen bedeckt. Wo sich heute London befindet, erstreckte sich ein Gebirgszug, von dem aus Flüsse nach Süden zogen. Sie durchquerten Wälder, die vorwiegend aus Nadelgehölzen wie Araukarien und Palmfarnen bestanden. Urtümliche Bedecktsamer waren schon vorhanden und an ihren bunten Blüten zu erkennen. Flüsse, die in großen Schleifen dahinflossen, lagerten in weiten Ebenen Schlamm und Sand ab. Diese Ebenen machten große Teile des heutigen Frankreich und Belgien aus. Farne und Schachtelhalme gediehen üppig im warmen Klima; zahlreiche Insekten ernährten sich von ihren verrottenden Teilen. In dieser Welt lebten pflanzenfressende Dinosaurier wie *Iguanodon* und Fleischfresser wie *Baryonyx*.

Ein fischender Dinosaurier

Baryonyx, ein bis zu 6 m langer Raubtier-Dinosaurier, wurde erst 1983 entdeckt. Er hatte an seinen Beinen lange Krallen, mit denen er Fische aus dem Wasser zog.

Panzer-Dinosaurier

Hylaeosaurus und *Polacanthus* waren miteinander verwandt. Ihr Körper war durch Knochenplatten und Dornen geschützt; mit dem Schwanz konnten sie sich einem Angreifer gegenüber verteidigen.

Insekten

Libellen, von denen sich die heute lebenden kaum unterscheiden, schwirrten über die Pflanzen und ließen sich auf Farnwedeln nieder. Käfer und Schaben krochen über den Boden, und manche Grille unterbrach ihren Gesang, um sich vor dem Fuß eines Dinosauriers zu rettten.

Leben am Fluß

An den Ufern der Flüsse, die nach heftigen Regenfällen Geröll und Schlamm mit sich führten, lagen Krokodile und warteten auf Beutetiere. Schildkröten verließen den Fluß, um sich auf den Sandbänken zu sonnen. Im flachen Wasser schwamm *Lepidotes*, ein bis zu 1 m langer Fisch.

Vogelfuß-Dinosaurier

Hier läuft eine Herde von *Hypsilophodon* ans Ufer, um die jungen Farnwedel zu benagen. Die zu den Vogelfuß-Dinosauriern gehörenden Tiere erreichten eine erhebliche Geschwindigkeit, wenn sie sich vor Verfolgern in Sicherheit bringen mußten.

Sauropoden

Eine Gruppe von Langhalsigen Pflanzenfressern (Sauropoden) versammelt sich an ihrem Futterplatz. Die tonnenschweren Tiere liefen auf säulenförmigen Beinen. Mit ihrem langen Hals reichten sie bis in die Wipfel der Baumfarne, deren zarte Wedel sie abnagten.

Sonnen-Kollektoren

Altispinax ernährte sich von Beutetieren, die er mit seinen scharfen Zähnen zerriß. Auf dem Rücken hatte er ein großes Hautsegel, das durch Knochenstäbe aufgestellt werden konnte. Wahrscheinlich diente es der Aufnahme von Sonnenwärme, um die Körpertemperatur zu regulieren.

Iguanodon

Iguanodon richtete sich auf, um die Blätter von den Bäumen abzustreifen. Er ergriff sie mit seinem Hornschnabel und zerrieb sie mit den starken Backenzähnen. Aber *Iguanodon* konnte auch auf allen vieren laufen; einige seiner Zehen und Finger trugen einen Huf. Besonders auffallend ist der zu einem Dorn umgebildete Daumen.

Ein Dinosaurier wird ausgegraben

In der Natur existieren tote Körper nicht lange. Wenn ein Tier stirbt, wird es von anderen Tieren verzehrt oder von Bakterien und Pilzen zersetzt. Nur ganz selten wird ein toter Körper vom Wasser in einen See gespült, wo er im Schlamm versinkt. Nur manchmal vertrocknet er in einer Wüste und wird vom Sand bedeckt. Im Laufe vieler Jahre werden Schlamm und Sand zu Gestein, und die Knochen der eingeschlossenen Tiere verwesen und werden durch Mineralien ersetzt. Diese füllen jede feine Pore eines Knochens aus und bilden seine Form genau ab. Deshalb ist ein Fossil viel schwerer als der ursprüngliche Knochen, und daher ist das Ausgraben eines Dinosauriers auch eine sehr schwere Arbeit. Aber nicht nur Knochen und Zähne bleiben als Fossilien erhalten, zuweilen findet man auch versteinerte Eierschalen oder den Abdruck der Haut.

Wo findet man Fossilien?

In geologischen Karten haben die Wissenschaftler eingezeichnet, in welchen Gebieten verschieden alte Gesteine an die Erdoberfläche treten. Dinosaurier findet man nur in Gesteinen, die 225 bis 64 Millionen Jahre alt sind. In den meisten Fällen ist dieses Gestein von jüngerem Material überlagert und kommt nur an einem Abhang, in einem Steinbruch oder beim Straßenbau zum Vorschein. Es ist ein großer Zufall, wenn hier eine Versteinerung von einem Fachmann entdeckt wird.

Alle Einzelheiten sind wichtig

Während der Ausgrabung werden Zeichnungen angefertigt, in denen die Lage der einzelnen Knochen dargestellt wird. Besonderheiten werden auf Fotos festgehalten. Das alles geschieht, bevor die Versteinerungen eingegipst und verpackt werden. Diese Abbildungen sind später sehr wichtig, wenn die Wissenschaftler die Knochen zu einem vollständigen Skelett zusammenfügen wollen.

Werkzeuge

Für die gröbsten Arbeiten werden zuerst Spitzhacke und Schaufel benutzt. Die Fossilien selbst werden mit Hammer und Meißel freigelegt, und der Staub wird mit einer Bürste entfernt. Die Arbeiter tragen manchmal eine Schutzbrille und einen Schutzhelm, wenn unter einem Felsvorsprung gearbeitet werden muß.

Fertig zum Transport

Über eine freigelegte Versteinerung wird feuchtes Seidenpapier gelegt, um seine Oberfläche zu schützen. Darüber kommen Leinenstreifen, die mit Gipsmörtel getränkt sind. Wenn der Gips hart geworden ist, wird das Ganze umgedreht und die Rückseite bearbeitet und eingepackt. Auf diese Weise ist die Versteinerung von allen Seiten geschützt und kann zur weiteren Bearbeitung abtransportiert werden.

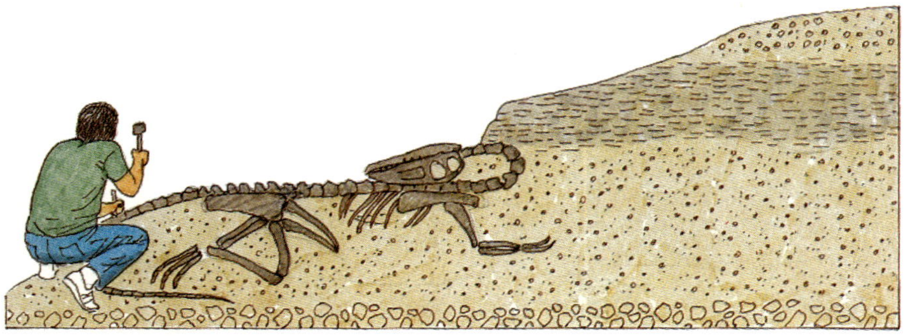

Ein erster Hinweis

Meist sind von einem versteinerten Skelett nur wenige, teilweise zerstörte Reste zu sehen, die aus dem Gestein ragen. Sie gehören vielleicht zum Schwanz eines Dinosauriers, der größtenteils noch im Fels verborgen ist. Das kann man nur erkennen, wenn weitere Teile mühsam und vorsichtig freigelegt werden. Nur selten sind alle Teile des Skeletts erhalten geblieben, und noch seltener haben die einzelnen versteinerten Knochen untereinander ihre natürliche Lage behalten.

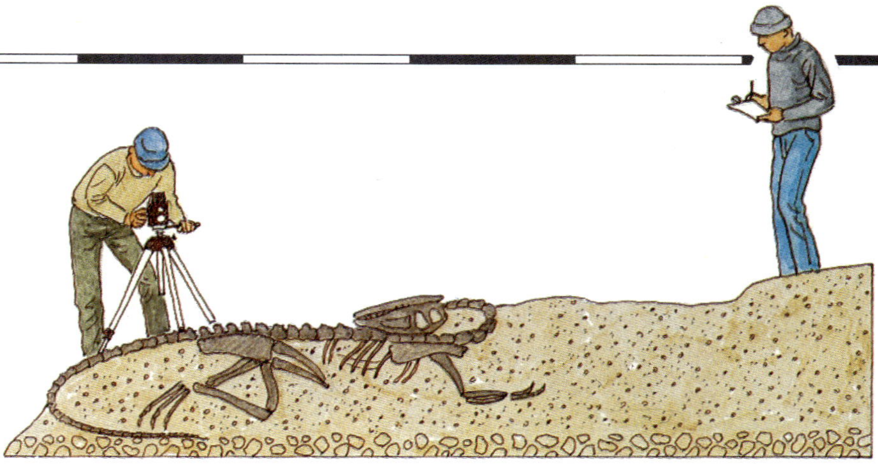

Vorsichtiges Freilegen

Von den freiliegenden Teilen aus werden die Versteinerungen vorsichtig von dem Gestein befreit, in das sie eingebettet sind. Abgebrochene Stücke werden an den richtigen Stellen des Fossils wieder angeklebt. Schließlich wird der anfallende Gesteinsschutt gesiebt, um auch kleinere Bruchstücke zu finden.

Die Buchführung

Jedes geborgene Stück wird in einer Liste erfaßt. Bei umfangreichen Ausgrabungen wäre es ein nicht wieder gutzumachender Fehler, wenn einzelne Fossilien verwechselt würden. Jeder Knochen erhält eine Nummer, und nach dieser Nummer wird später das Skelett wieder zusammengesetzt. Erst wenn die Liste fertig ist, werden die Teile in Kisten verpackt und in das Labor transportiert.

Die Arbeit in Labor und Werkstatt

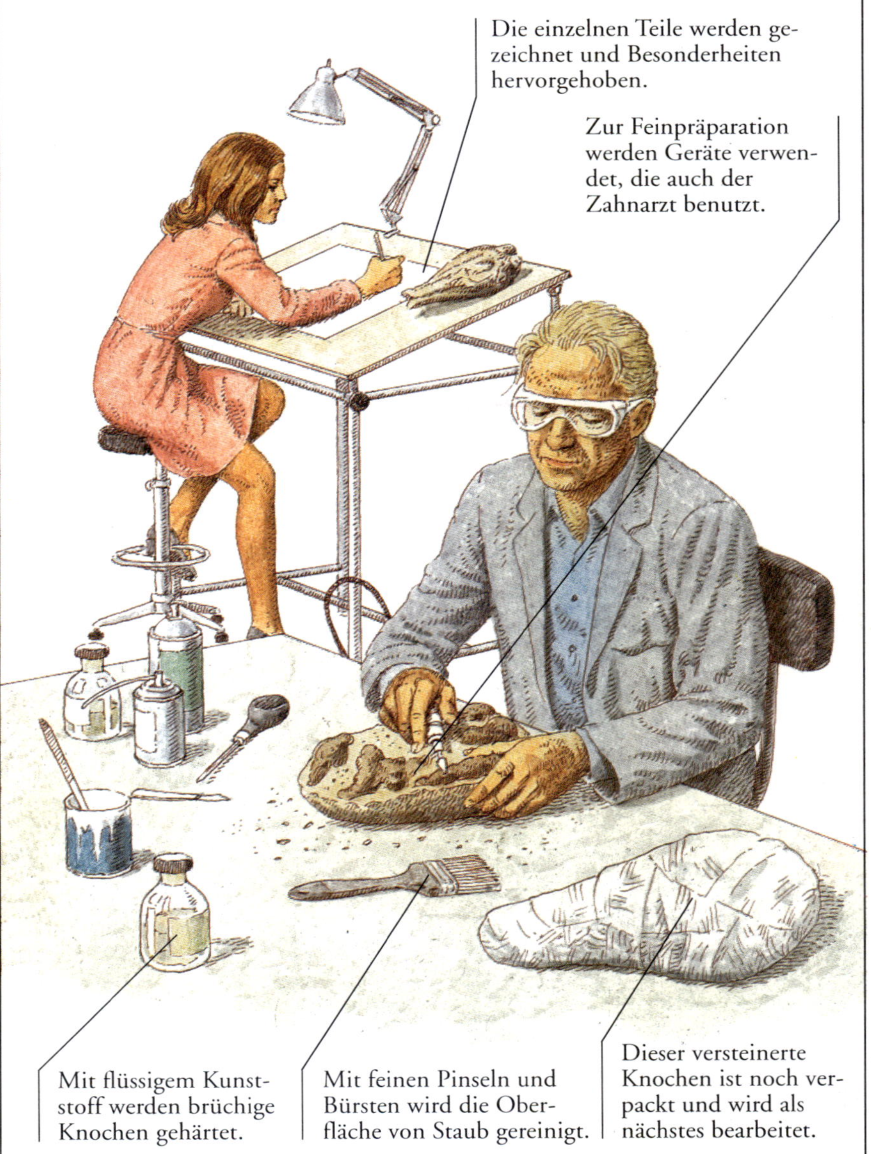

Mit der Geländearbeit ist der erste Teil der Bearbeitung abgeschlossen. Im Labor werden die einzelnen Teile wieder ausgepackt und in einer aufwendigen Feinarbeit weiter präpariert. Die Bearbeitung eines großen Skeletts kann jahrelang dauern. Bohrer, wie der Zahnarzt sie benutzt, und feine Meißel werden verwendet, um jede Einzelheit des Skeletts freizulegen. Manchmal muß man mit Säuren arbeiten, um kleine Gesteinsbrocken aufzulösen. Brüchige Teile werden mit Kunststoff gehärtet und wieder zu ihrer ursprünglichen Form zusammengesetzt. Schließlich werden fehlende Teile ergänzt.

Die größten Dinosaurier

Die Sauropoden, riesige Langhalsige Pflanzenfresser, waren von allen Dinosauriern die längsten, größten und schwersten. Sie waren sogar die größten Tiere, die jemals das Festland bewohnten. Nur ein Meerestier, der heute lebende Blauwal, ist mit einer Länge von 30 m und einem Gewicht von 100 t noch größer als die Sauropoden es waren. Diese Dinosaurier waren weltweit verbreitet und lebten vom Beginn des Jura (vor etwa 185 Millionen Jahren) bis zum Ende der Kreidezeit (vor etwa 64 Millionen Jahren). Die meisten von ihnen wurden in Gesteinen gefunden, die vor 145 Millionen Jahren entstanden. Mit 18 m Länge war *Camarasaurus* verhältnismäßig klein, wenn man ihn mit dem bis zu 30 m langen *Ultrasaurus* vergleicht. Knochen von *Camarasaurus* wurden erstmals im Jahr 1877 in Colorado (USA) gefunden. Ein fast vollständiges Jungtier-Skelett entdeckte man später im »Dinosaur National Monument« in Utah (USA).

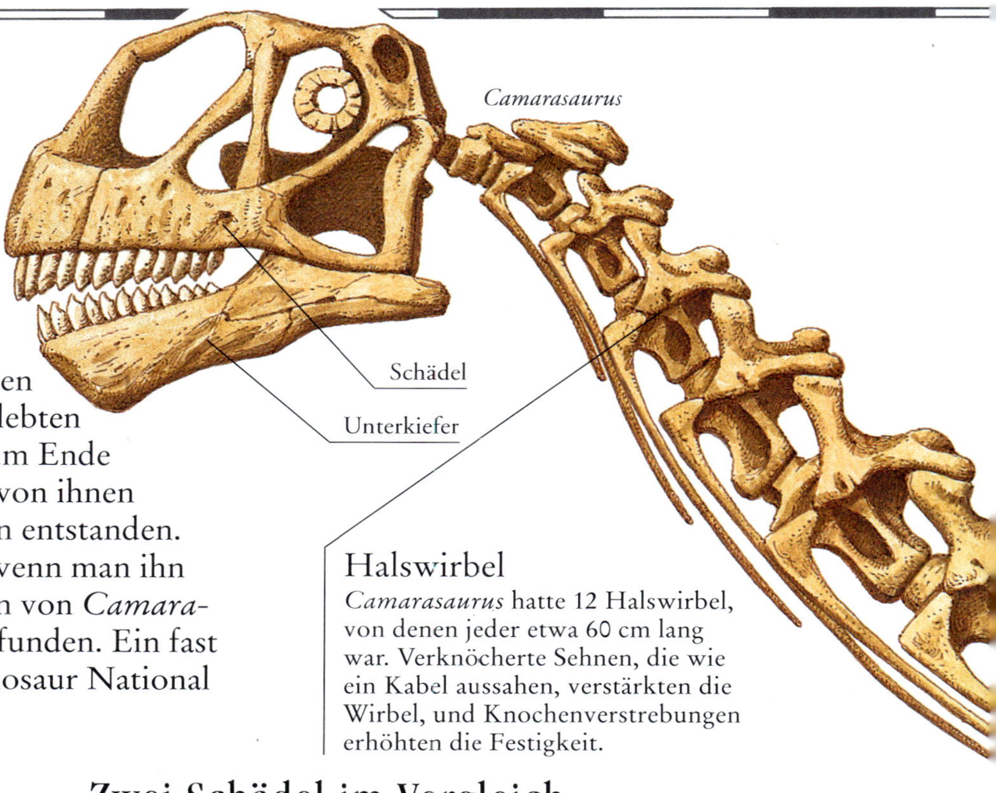

Camarasaurus

Halswirbel

Camarasaurus hatte 12 Halswirbel, von denen jeder etwa 60 cm lang war. Verknöcherte Sehnen, die wie ein Kabel aussahen, verstärkten die Wirbel, und Knochenverstrebungen erhöhten die Festigkeit.

Zwei Schädel im Vergleich

Diplodocus, ebenfalls ein Sauropode, hatte eine andere Schädelform als *Camarasaurus*. Der Schädel von *Diplodocus* war langgestreckt, und nur der vordere Teil der Kiefer war mit Zähnen besetzt.

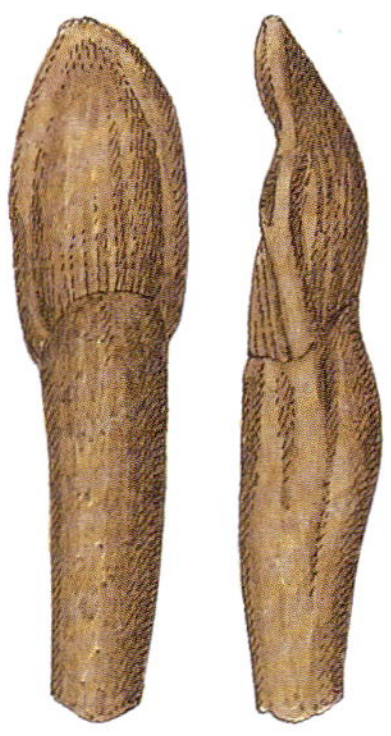

Zahn von *Camarasaurus*

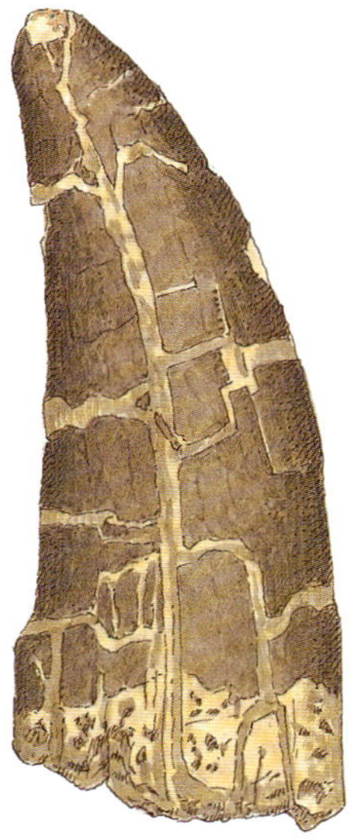

Zahn von *Megalosaurus*

Stumpfe Zähne

In der Form waren die Zähne eines Pflanzenfressers und die eines Fleischfressers sehr verschieden. Die Zähne von *Megalosaurus* waren dolchartig gebogen, scharf und wie ein Steakmesser gekerbt. Die Zähne des Pflanzenfressers *Camarasaurus* waren dagegen stumpf und spatelförmig.

Schädel von Diplodocus

Die kleinen Nasenöffnungen standen bei diesem Dinosaurier verhältnismäßig weit hinten, die Augenöffnungen waren auffallend groß.

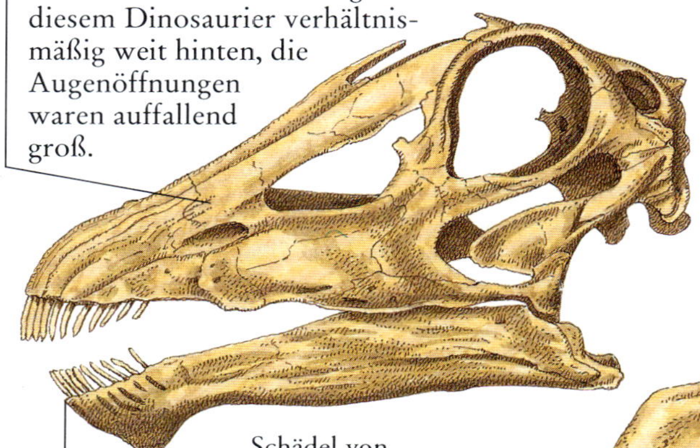

Schädel von *Diplodocus*

Zahnwechsel

Diplodocus hatte lange Zähne, die nur im vorderen Teil der Kiefer standen. Wenn sie abgenutzt waren, wurden sie durch neue ersetzt.

Zahnformen

Camarasaurus hatte kräftige, spatelförmige Zähne in beiden Kiefern.

Eine feine Nase

Bei *Camarasaurus* fallen die großen, vorn unter dem Schädeldach stehenden Nasenöffnungen auf. Vermutlich konnte das Tier gut riechen.

Augenöffnungen

Wie *Diplodocus* hatte auch *Camarasaurus* große Augenöffnungen in seinem kurzen, hohen Schädel. Die Augen selbst waren aber viel kleiner als diese Öffnungen.

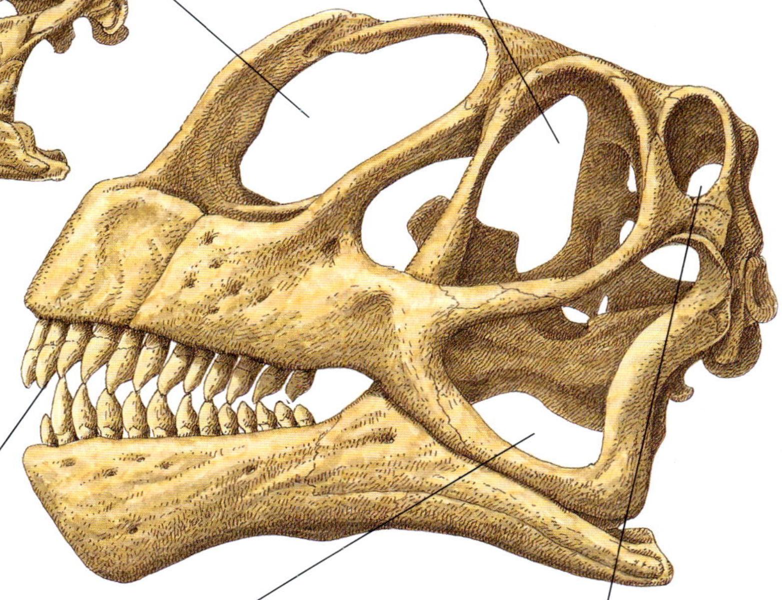

Schädel von *Camarasaurus*

Ein leichter Kopf

Die Schädel der Dinosaurier hatten zwei Schläfenöffnungen. Zu Lebzeiten der Tiere waren diese mit einer Membran verschlossen. Durch diese Öffnungen wurde der Schädel viel leichter, behielt aber seine Festigkeit.

Kaumuskeln

An der Membran waren starke Muskeln angewachsen, die zum Unterkiefer führten. Die Tiere konnten dadurch besser beißen.

Ein kleiner Riese

Obwohl *Camarasaurus* zu den kleineren Sauropoden gehört, war er ein Ungetüm, wenn man ihn mit der Größe eines Menschen vergleicht.

Camarasaurus

Lange Hälse

Im Vergleich zu anderen Sauropoden hatte *Camarasaurus* einen verhältnismäßig kurzen Hals, der aus nur 12 Wirbeln bestand. Bei *Mamenchisaurus* hatte der Hals 19 Wirbel, und er war zwei Drittel so lang wie *Camarasaurus* vom Kopf bis zur Schwanzspitze. Der lange Hals hat der ganzen Gruppe ihren Namen gegeben: »Langhalsige Pflanzenfresser«.

Mamenchisaurus

Tonnenförmiger Körper

Über 2 m lange, armdicke Rippen bildeten bei diesen Dinosauriern den Brustkorb. Herz, Lunge, Magen und andere Organe wurden von ihm eingeschlossen. Die einzelnen Rippen waren untereinander durch kräftige Muskeln verbunden. Der tonnenförmige Körper, der auf diese Weise entstand, ist für alle Sauropoden charakteristisch.

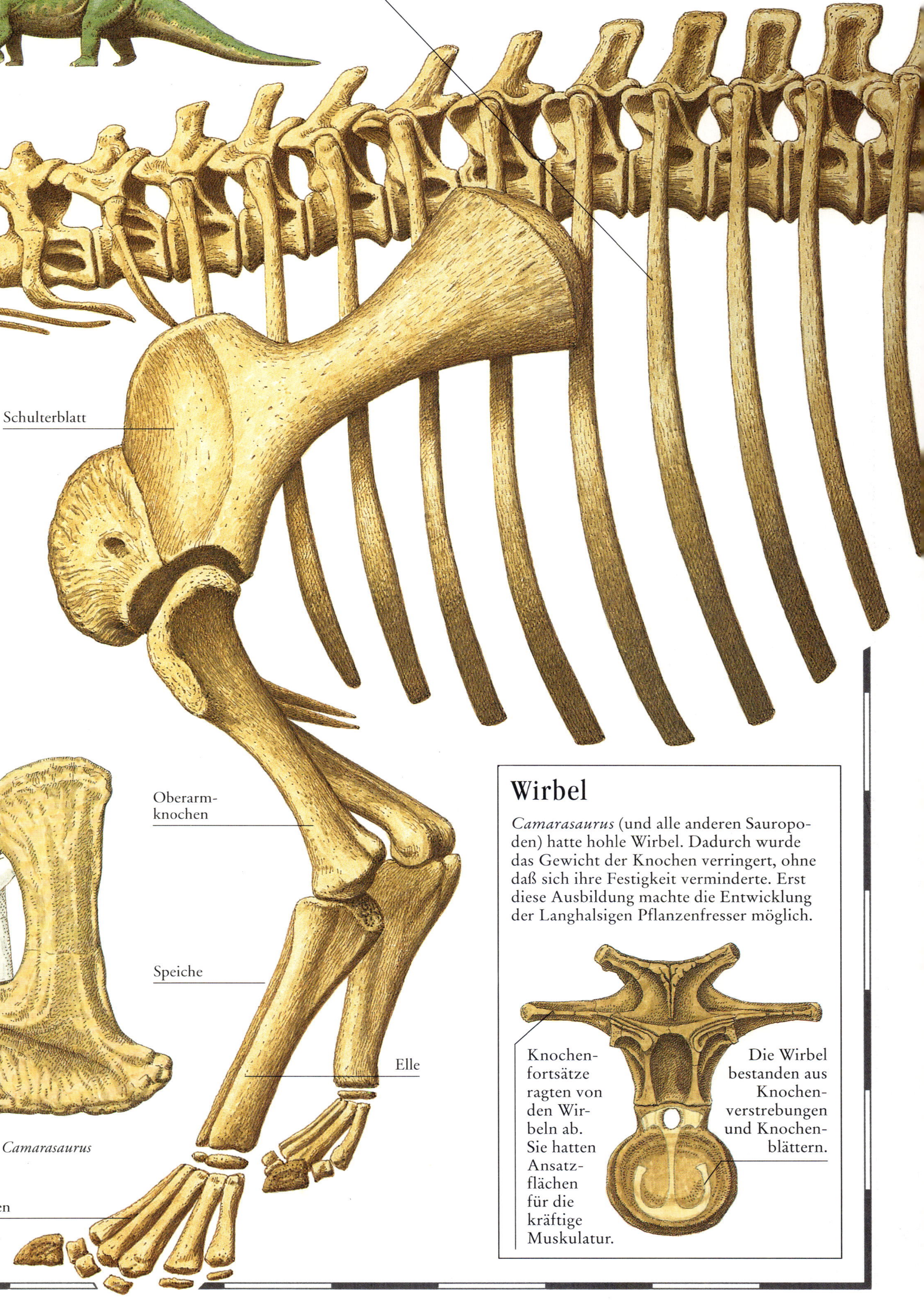

Riesige Knochen

Durch das Schulterblatt waren die Vorderbeine mit dem Skelett verbunden. Sie hatten einen erheblichen Teil des Körpergewichts zu tragen. Bei *Camarasaurus* war das Schulterblatt etwa so lang wie ein Mensch. Aber *Ultrasaurus* schlägt alle Rekorde: Sein Schulterblatt war 2,7 m lang!

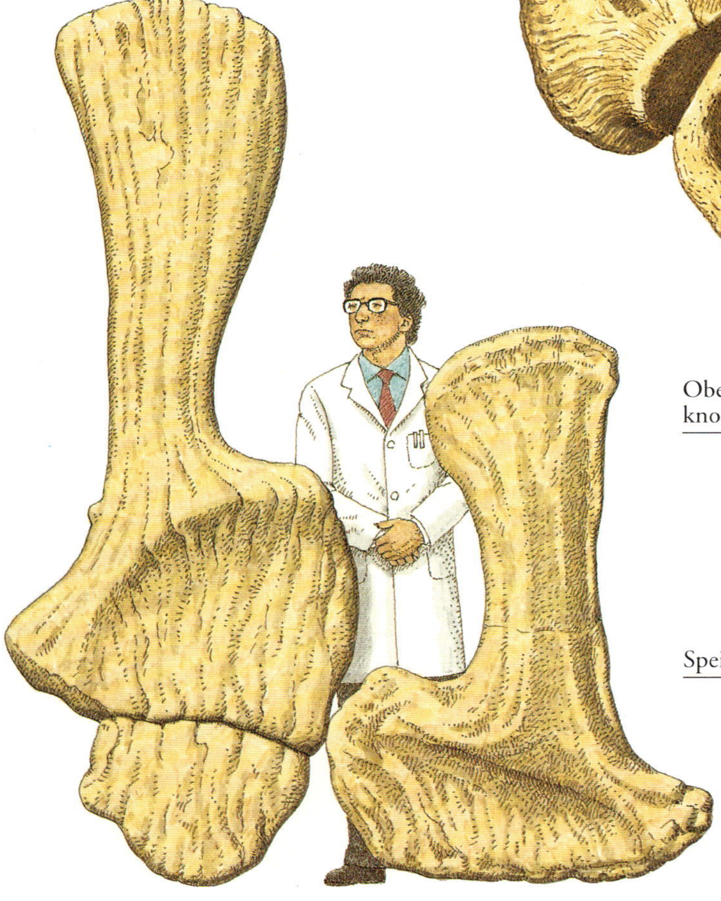

Ultrasaurus *Camarasaurus*

Wirbel

Camarasaurus (und alle anderen Sauropoden) hatte hohle Wirbel. Dadurch wurde das Gewicht der Knochen verringert, ohne daß sich ihre Festigkeit verminderte. Erst diese Ausbildung machte die Entwicklung der Langhalsigen Pflanzenfresser möglich.

Knochenfortsätze ragten von den Wirbeln ab. Sie hatten Ansatzflächen für die kräftige Muskulatur.

Die Wirbel bestanden aus Knochenverstrebungen und Knochenblättern.

Das Knochengerüst

Wie bei allen Wirbeltieren wurde der Körper der Dinosaurier von einem Skelett gestützt. Bei einem schlanken und schnellen Jäger war das Knochengerüst leicht und beweglich. Bei *Camarasaurus* dagegen waren die Knochen weniger auf Schnelligkeit als auf Festigkeit hin gebaut.

Kopf hoch!

Mit ihrem langen Hals reichten die Sauropoden bis in die Baumkronen, um hier Blätter und Zweige abzuweiden. Manche konnten sogar die höchsten Äste erreichen, indem sie sich auf ihren langen Hinterbeinen aufrichteten. Der starke Schwanz diente ihnen dabei als Stütze und hielt sie im Gleichgewicht.

Camarasaurus

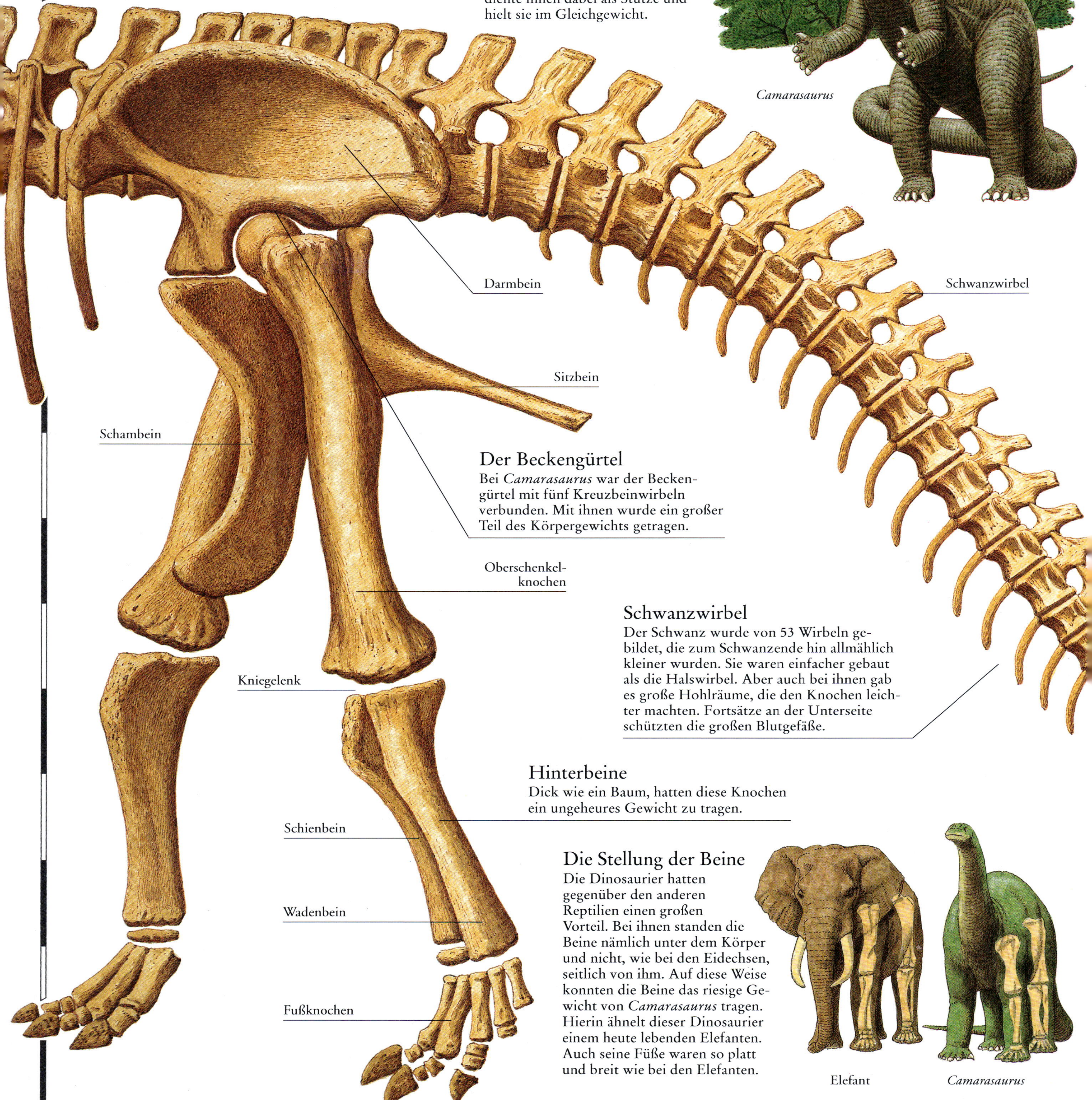

Der Beckengürtel

Bei *Camarasaurus* war der Beckengürtel mit fünf Kreuzbeinwirbeln verbunden. Mit ihnen wurde ein großer Teil des Körpergewichts getragen.

Schwanzwirbel

Der Schwanz wurde von 53 Wirbeln gebildet, die zum Schwanzende hin allmählich kleiner wurden. Sie waren einfacher gebaut als die Halswirbel. Aber auch bei ihnen gab es große Hohlräume, die den Knochen leichter machten. Fortsätze an der Unterseite schützten die großen Blutgefäße.

Hinterbeine

Dick wie ein Baum, hatten diese Knochen ein ungeheures Gewicht zu tragen.

Die Stellung der Beine

Die Dinosaurier hatten gegenüber den anderen Reptilien einen großen Vorteil. Bei ihnen standen die Beine nämlich unter dem Körper und nicht, wie bei den Eidechsen, seitlich von ihm. Auf diese Weise konnten die Beine das riesige Gewicht von *Camarasaurus* tragen. Hierin ähnelt dieser Dinosaurier einem heute lebenden Elefanten. Auch seine Füße waren so platt und breit wie bei den Elefanten.

Elefant *Camarasaurus*

Dinosaurier im Größenvergleich

Das größte heute lebende Landtier ist an einem Sauropoden gemessen ein Zwerg.

Das Gegengewicht
Der aus 82 Wirbeln bestehende Schwanz von *Apatosaurus* bildete das Gegengewicht zu seinem langen Hals. Er diente als eine Art Balancierstange und Steuerruder.

Wohin mit dem Schwanz?
Bei *Diplodocus* bestand der dünne Schwanz aus 73 Wirbeln. Beim Laufen wurde er meist waagerecht über dem Boden gehalten.

Die Verteidigung
Wenn sich ein Angreifer nicht schon durch die Körpergröße abschrecken ließ, standen dem Sauropoden zwei Waffen zur Verfügung. Griff das Raubtier von vorn an, richtete sich der Sauropode auf die Hinterbeine auf und stampfte den Angreifer mit den Vorderbeinen in den Boden. Die Kralle an jedem Fuß konnte ihn schwer verletzen. Bei einem Angriff von der Seite oder von hinten schlug der Sauropode seitlich mit dem Schwanz aus und fegte das überraschte Tier beiseite. So gesehen waren die Sauropoden durchaus nicht die harmlosen Pflanzenfresser, als die sie allgemein gesehen werden.

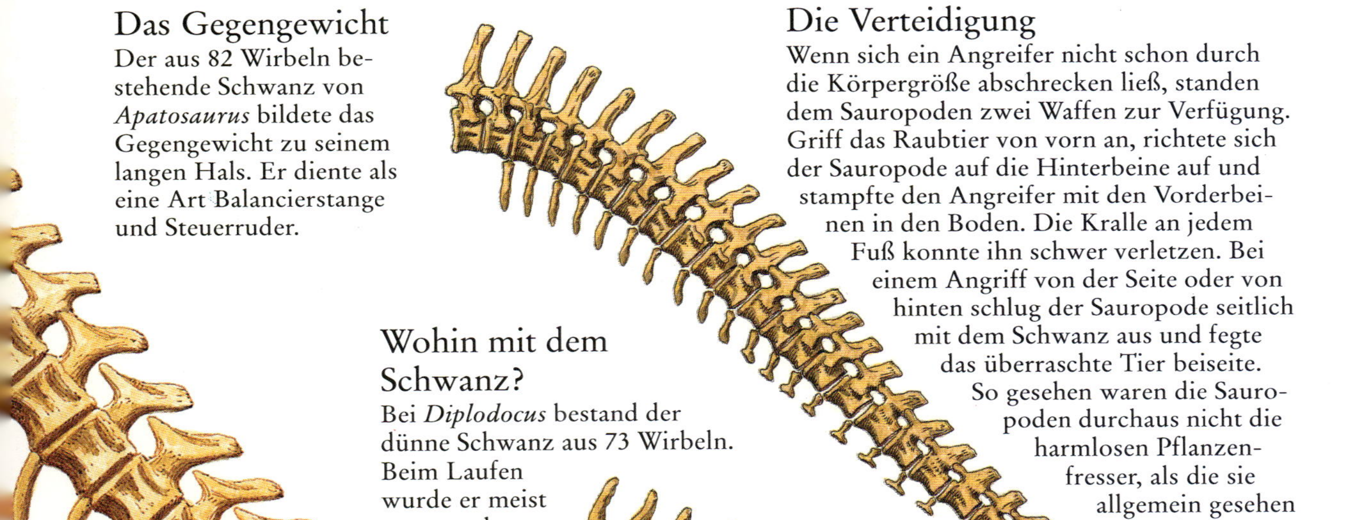

Allosaurus gegen Apatosaurus
Eine Herde von *Apatosaurus* war durchaus in der Lage, sich gegen einen Raubtier-Dinosaurier wie *Allosaurus* zu verteidigen. Die Tiere stampften mit ihren Vorderbeinen und peitschten mit ihren Schwänzen.

Raubtier-Dinosaurier

Die Carnosaurier waren die Raubtiere unter den Dinosauriern. Als ausgesprochene Jäger brauchten sie einen kräftigen Körper und lange, muskulöse Beine. Unter ihnen gab es die größten Lebewesen, die sich jemals auf zwei Beinen auf der Erde bewegten. Auch die Tiere, die sich von Aas ernährten, brauchten viel Kraft, um das Fleisch von den Knochen ihrer toten Beutetiere zu reißen. Von *Allosaurus* wurden sechs Skelette in Utah (USA) entdeckt. Dieser Raubtier-Dinosaurier lebte vor 150-140 Millionen Jahren. Mit 12 m Länge und 1 bis 2 t Gewicht konnte er sich nur langsam fortbewegen. Vielleicht jagten die Tiere in Rudeln, vielleicht ernährten sie sich vorwiegend von Aas.

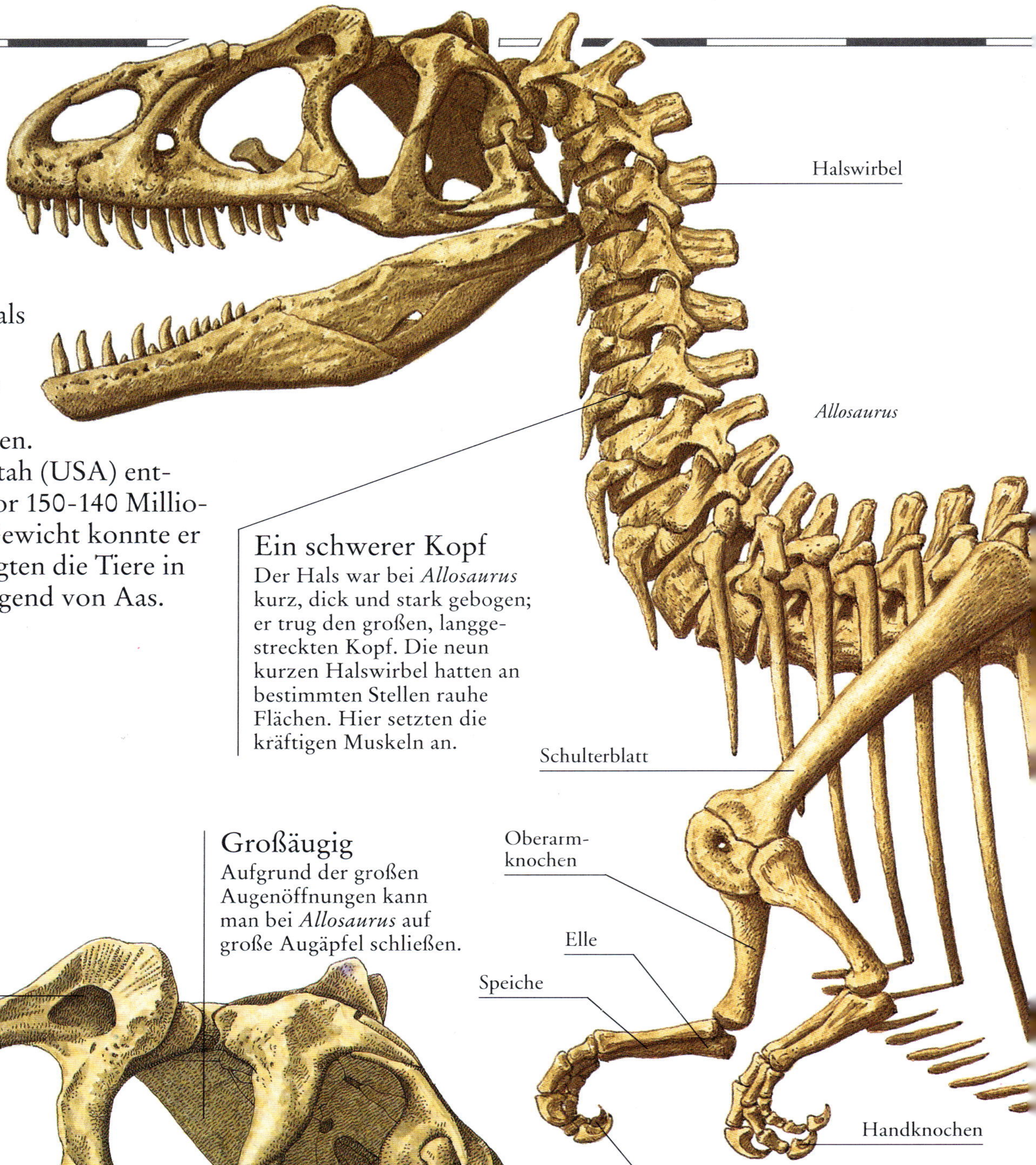

Ein schwerer Kopf

Der Hals war bei *Allosaurus* kurz, dick und stark gebogen; er trug den großen, langgestreckten Kopf. Die neun kurzen Halswirbel hatten an bestimmten Stellen rauhe Flächen. Hier setzten die kräftigen Muskeln an.

Der Schädel von Allosaurus

Der Schädel hatte große Nasen-, Augen- und Schläfenöffnungen. Das machte ihn leicht, gab ihm aber dennoch Festigkeit.

Knochenhöcker

Über den Augen hatte *Allosaurus* zwei knöcherne Höcker und auf der Nase einen langgestreckten, schmalen Knochenkamm. Darin unterscheidet er sich von anderen Gattungen.

Großäugig

Aufgrund der großen Augenöffnungen kann man bei *Allosaurus* auf große Augäpfel schließen.

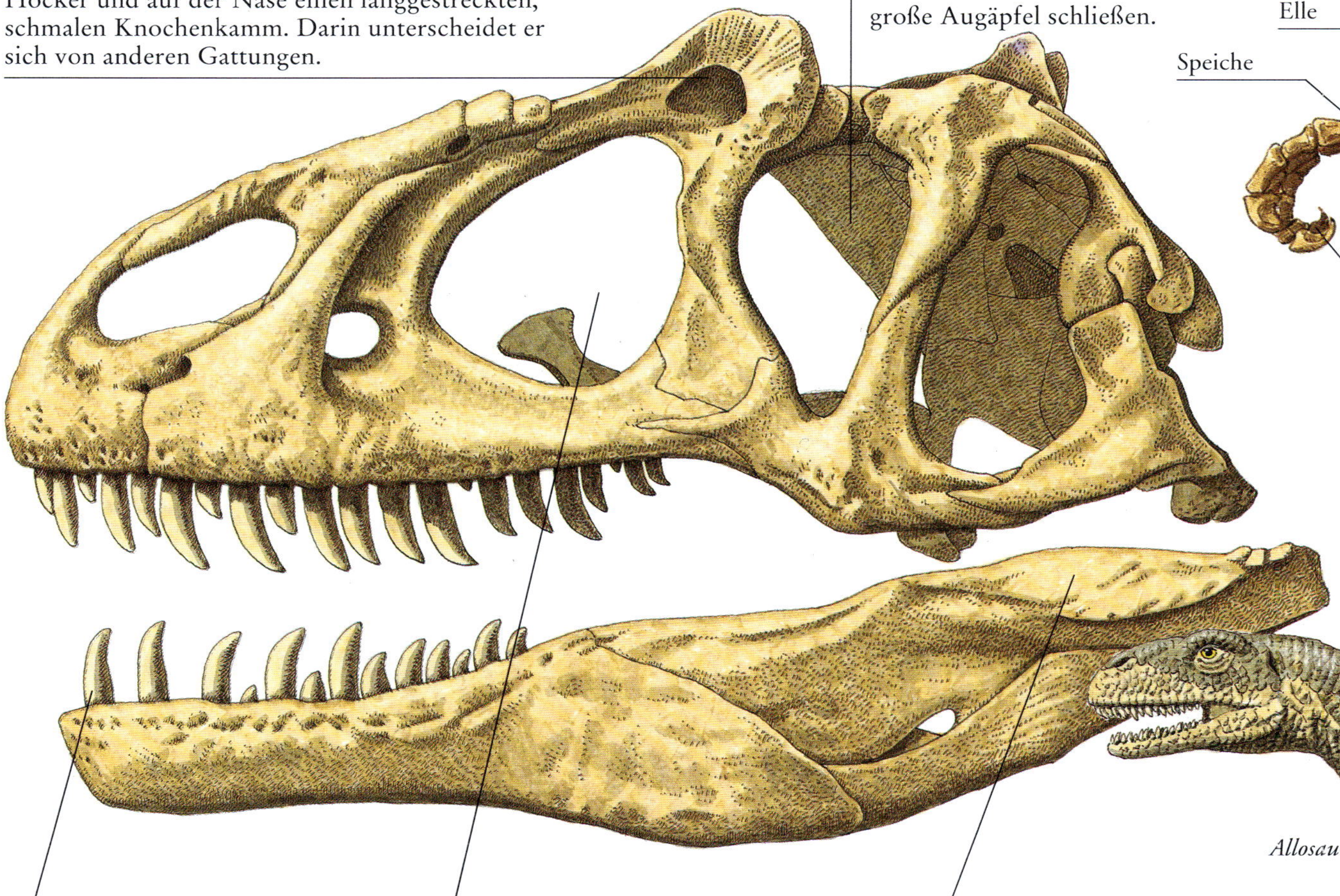

Klein, aber wirkungsvoll

Obwohl die Arme bei *Allosaurus* – wie bei allen Raubtier-Dinosauriern – nur kurz waren, wurden sie doch zum Ergreifen der Beute eingesetzt. An den Fingern saßen scharfe Krallen. Zum Laufen wurden sie nicht benutzt, dazu waren sie zu klein.

Messerscharf

In den Kiefern von *Allosaurus* steckten über 70 dolchartig gebogene Zähne. Ihre Schneide war scharf und eingekerbt, sie wirkte wie ein Steakmesser.

Ein kräftiger Biß

Ein Raubtier muß kräftig zubeißen können. Bei *Allosaurus* waren die Schläfenöffnungen zu Lebzeiten des Tieres mit festen Membranen verschlossen. Hier setzten mächtige Kaumuskeln an, die den Unterkiefer bewegten und die Beißkraft verstärkten.

Lang und gefährlich

Der Schädel von *Allosaurus* war etwa 1 m lang. Da der Drehpunkt der beiden Kiefer weit hinten lag, konnte der Rachen weit geöffnet werden.

Vogel- oder Echsenbecken?

Die Dinosaurier lassen sich in zwei Gruppen unterteilen: Dinosaurier mit einem Echsenbecken (Saurischia) und Dinosaurier mit einem Vogelbecken (Ornithischia). Bei den ersten, den Saurischia, war das Schambein nach vorn-abwärts gerichtet und das Sitzbein nach hinten-abwärts. Das Darmbein war nach vorn verbreitert. Bei den Vogelbecken-Dinosauriern waren Schambein und Sitzbein nach hinten-abwärts gerichtet und das Darmbein nach vorn verschmälert.

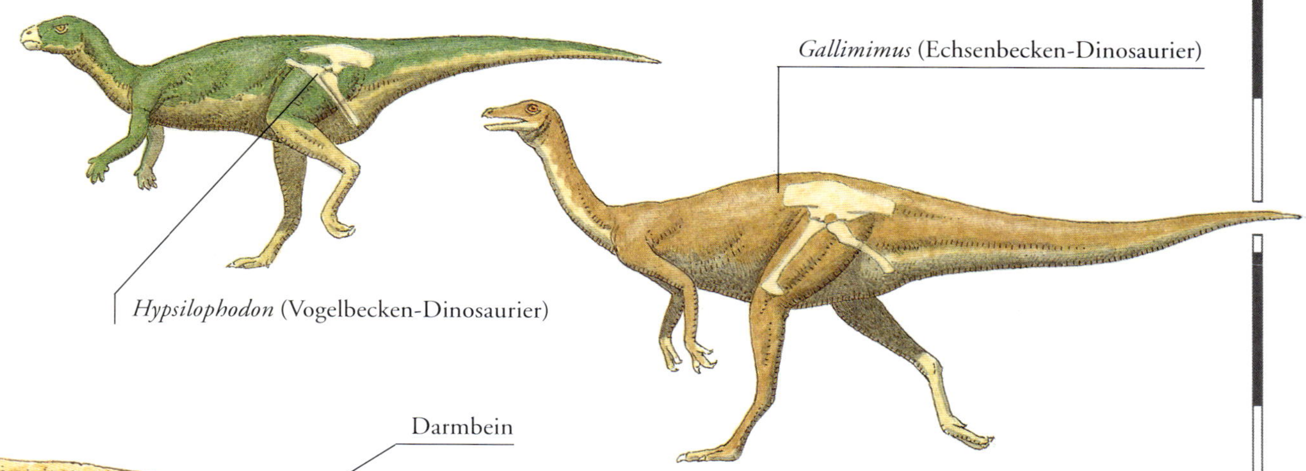

Ein beweglicher Schwanz

Der Schwanz von *Allosaurus* bestand aus etwa 50 Wirbeln. Er hielt den Körper beim Laufen im Gleichgewicht. An den Wirbelfortsätzen waren starke Muskeln befestigt, die den Schwanz bewegten. Die großen Blutgefäße verliefen auf der Unterseite der Wirbel und wurden von Y-förmigen Knochenfortsätzen geschützt.

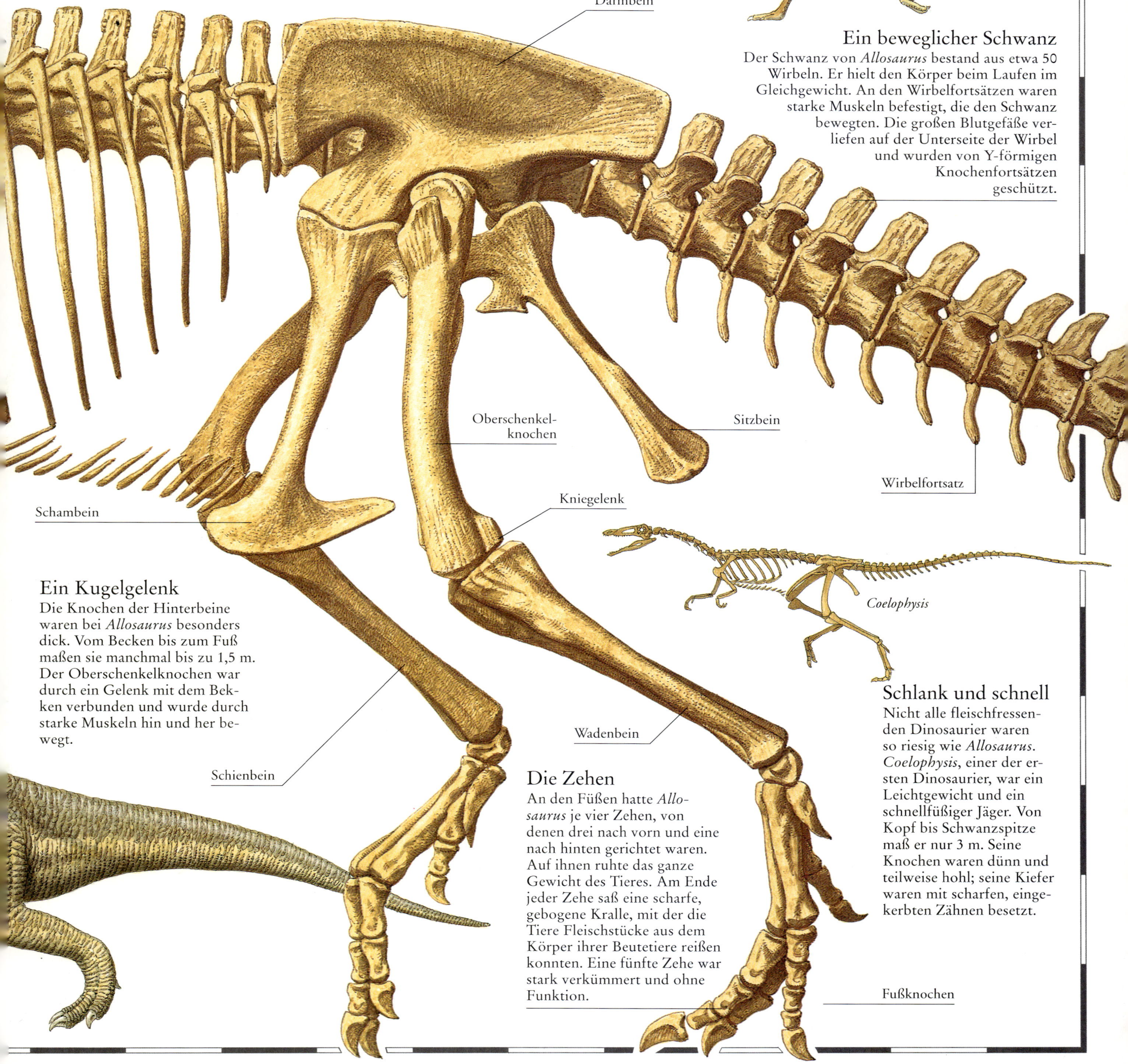

Ein Kugelgelenk

Die Knochen der Hinterbeine waren bei *Allosaurus* besonders dick. Vom Becken bis zum Fuß maßen sie manchmal bis zu 1,5 m. Der Oberschenkelknochen war durch ein Gelenk mit dem Becken verbunden und wurde durch starke Muskeln hin und her bewegt.

Schlank und schnell

Nicht alle fleischfressenden Dinosaurier waren so riesig wie *Allosaurus*. *Coelophysis*, einer der ersten Dinosaurier, war ein Leichtgewicht und ein schnellfüßiger Jäger. Von Kopf bis Schwanzspitze maß er nur 3 m. Seine Knochen waren dünn und teilweise hohl; seine Kiefer waren mit scharfen, eingekerbten Zähnen besetzt.

Die Zehen

An den Füßen hatte *Allosaurus* je vier Zehen, von denen drei nach vorn und eine nach hinten gerichtet waren. Auf ihnen ruhte das ganze Gewicht des Tieres. Am Ende jeder Zehe saß eine scharfe, gebogene Kralle, mit der die Tiere Fleischstücke aus dem Körper ihrer Beutetiere reißen konnten. Eine fünfte Zehe war stark verkümmert und ohne Funktion.

Funde in Nordamerika

In Nordamerika gibt es viele berühmte Fundorte von Dinosauriern; z. B. wurden *Tyrannosaurus* und *Stegosaurus* nur hier gefunden.
Im Westen des Landes treten in großen Gebieten Gesteine an die Erdoberfläche, die zur Zeit der Dinosaurier entstanden sind. Diese Schichten sind oft reich an Fossilien.
In der nebenstehenden Karte sind die bedeutendsten Fundstellen eingetragen. In Utah (USA) wurde ein solches Gebiet als National-Denkmal ausgewiesen. In Kanada wurde ein großes Gebiet mit Dinosaurierfunden als Park unter Schutz gestellt. Die ältesten in Nordamerika gefundenen Dinosaurier waren am nächsten mit den europäischen verwandt. Das hat sich bald geändert, denn die später in Nordamerika lebenden waren enger mit den ostasiatischen verbunden.

Fußabdrücke im Schlamm

Die Dinosaurier haben nicht nur Versteinerungen ihrer Knochen und Zähne hinterlassen, sondern auch ihrer Fußspuren. Wenn sie am Ufer von Teichen und Flüssen entlangliefen, drückten sich ihre Zehen tief in den Schlamm ein. Allein im Canyon des Peace River in Kanada entdeckten die Wissenschaftler mehr als 1700 Fußabdrücke von Dinosauriern. Sie stammen meist von Entenschnabel-Dinosauriern, aber auch von verschiedenen Fleischfressern.

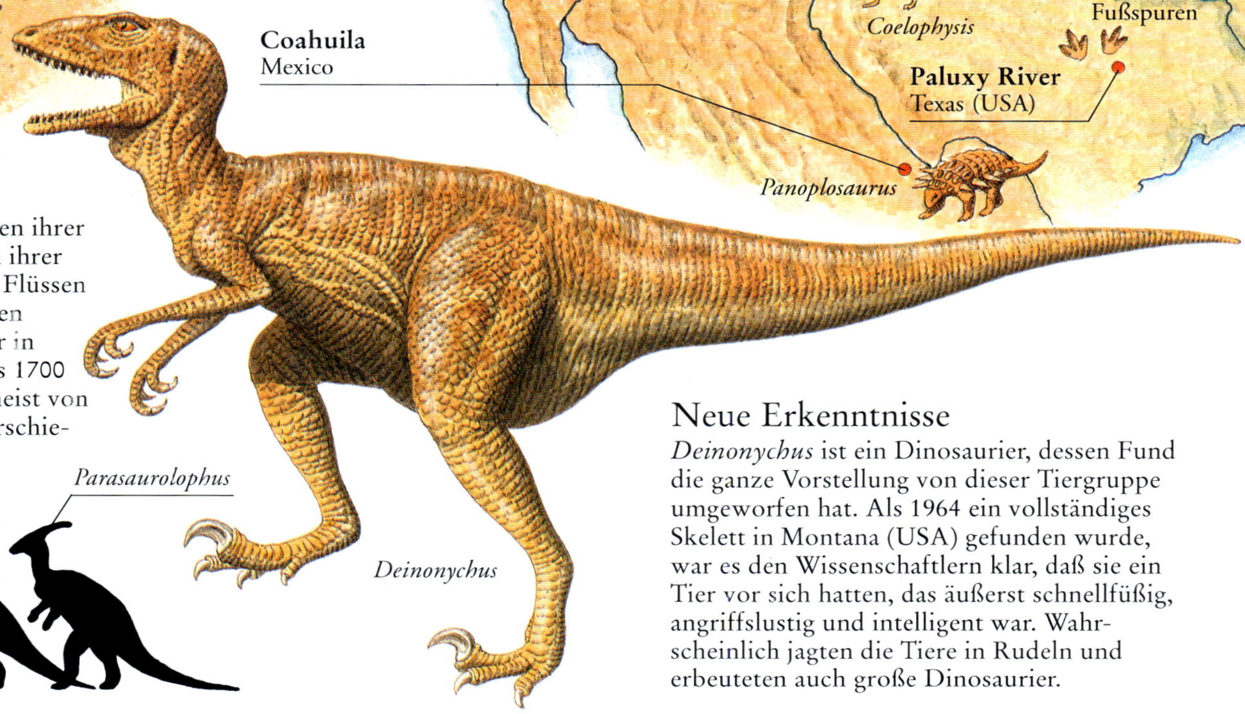

Deinonychus

Neue Erkenntnisse

Deinonychus ist ein Dinosaurier, dessen Fund die ganze Vorstellung von dieser Tiergruppe umgeworfen hat. Als 1964 ein vollständiges Skelett in Montana (USA) gefunden wurde, war es den Wissenschaftlern klar, daß sie ein Tier vor sich hatten, das äußerst schnellfüßig, angriffslustig und intelligent war. Wahrscheinlich jagten die Tiere in Rudeln und erbeuteten auch große Dinosaurier.

Lang und schlank

Mit einem 8 m langen Hals, einem 5 m langen Körper und einem 14 m langen Schwanz war *Diplodocus* einer der größten Dinosaurier aller Zeiten. An seinem schlangenförmigen Hals saß ein kleiner Kopf, und die schmalen, scharfen Zähne standen wie die Zacken eines Kamms im vorderen Teil der Kiefer. *Diplodocus* war einer der riesigen Langhalsigen Pflanzenfresser der Jurazeit und lebte vor 150 bis 140 Millionen Jahren. Das langgestreckte Tier war deutlich schlanker als viele seiner Verwandten und etwa 11 bis 12 t schwer. *Diplodocus* ist einer der am besten bekannten Dinosaurier. Abgüsse seines Skeletts sind in vielen Museen zu sehen.

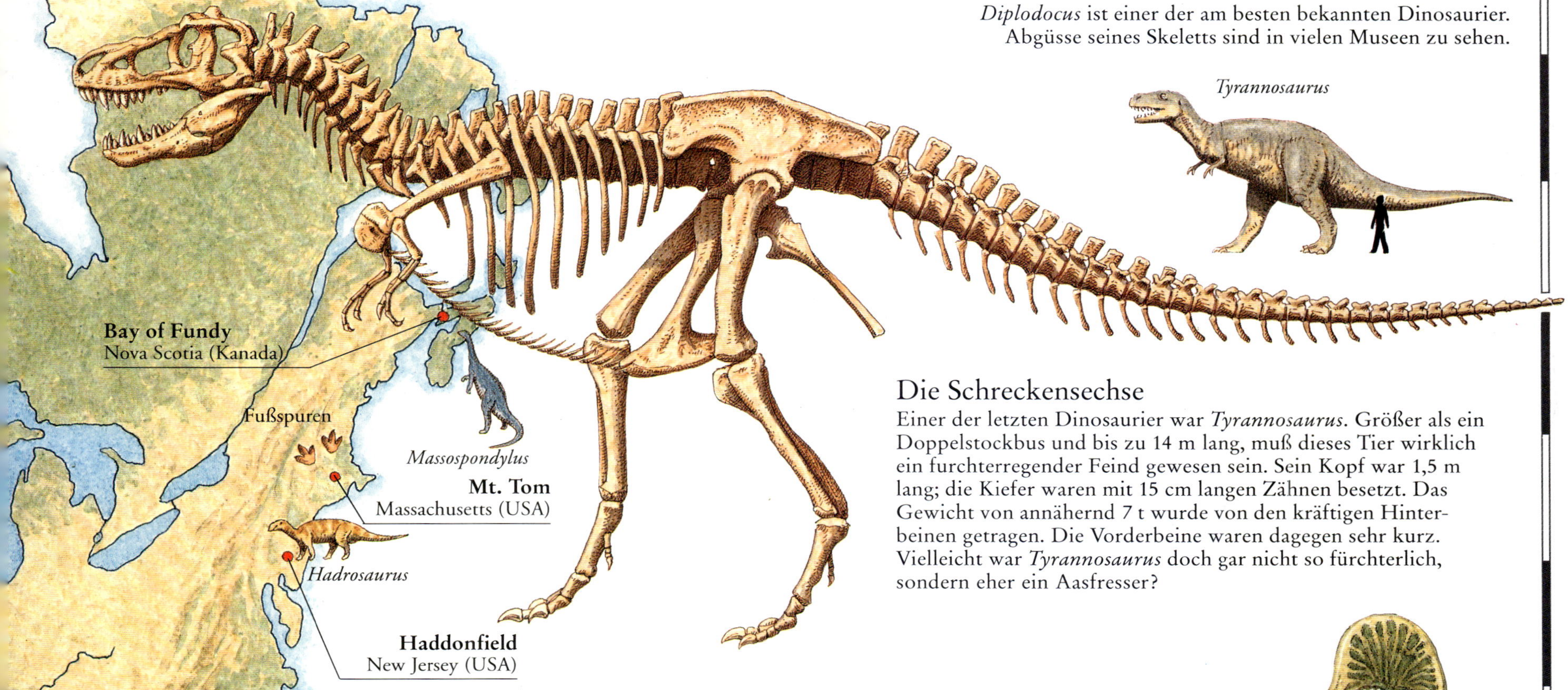

Die Schreckensechse

Einer der letzten Dinosaurier war *Tyrannosaurus*. Größer als ein Doppelstockbus und bis zu 14 m lang, muß dieses Tier wirklich ein furchterregender Feind gewesen sein. Sein Kopf war 1,5 m lang; die Kiefer waren mit 15 cm langen Zähnen besetzt. Das Gewicht von annähernd 7 t wurde von den kräftigen Hinterbeinen getragen. Die Vorderbeine waren dagegen sehr kurz. Vielleicht war *Tyrannosaurus* doch gar nicht so fürchterlich, sondern eher ein Aasfresser?

Entenschnäbel

Die Entenschnabel-Dinosaurier haben ihren Namen nach ihrem langgestreckten Schädel mit dem breiten Hornschnabel. Vertreter dieses Verwandtschaftskreises wurden an vielen Stellen in Nordamerika gefunden. Von *Anatosaurus* wurden nicht nur vollständige Skelette entdeckt, sondern auch Teile der Haut und des Mageninhaltes.

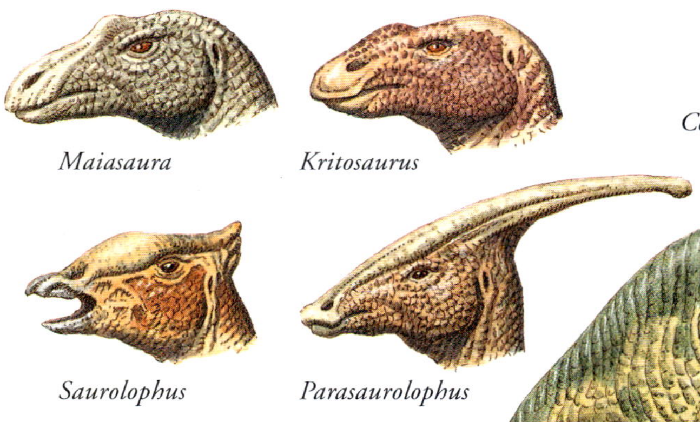

Ein Dinosaurier-Nest

Die Dinosaurier legten Eier, aus denen nach einer langen Brutzeit die Jungtiere ausschlüpften. Es gibt mehrere Fundorte, an denen nicht nur Eier, sondern auch Nester von Dinosauriern entdeckt wurden. Sensationell war der Fund von Nestern, Eiern und Jungtieren von *Maiasaura* (der Name bedeutet »gute Mutter«) in Montana (USA). Durch diese Entdeckung weiß man, daß die Jungtiere lange Zeit von der Mutter versorgt wurden.

Der Dinosaurier-Park in Kanada

Einer der bedeutendsten Fundorte liegt am Red Deer River in Alberta (Kanada). Mehr als 350 Skelette sind hier entdeckt worden, und in jedem Jahr kommen weitere hinzu. Das ganze Gebiet ist für die Kenntnis der Erdgeschichte von so großer Bedeutung, daß es als Schutzgebiet ausgewiesen wurde, als »Dinosaur Provincial Park«. Von den Vereinten Nationen ist es als Welt-Kulturerbe anerkannt worden und wird so geschützt wie die Ägyptischen Pyramiden und die Galápagos-Inseln. Die Dinosaurier, die am Red Deer River gefunden wurden, lebten vor etwa 75 Millionen Jahren. Zu dieser Zeit herrschte ein fast tropisches Klima, und das Land war mit tropischen Pflanzen bedeckt. Die Entenschnabel-Dinosaurier waren hier mit mehreren Gattungen vertreten; viele Skelette des Horn-Dinosauriers *Centrosaurus* wurden entdeckt. Auch der Panzer-Dinosaurier *Euoplocephalus* und die Tyrannenechse *Albertosaurus* gehörten zu den Tieren, die in diesem Teil der Erde lebten.

Tyrannenechse

Von dem Raubtier-Dinosaurier *Albertosaurus* wurde eine ganze Reihe von Skeletten gefunden. Er war eng mit *Tyrannosaurus* verwandt, aber mit 9 m Länge deutlich kleiner und wahrscheinlich auch wesentlich schneller.

Große Entdeckungen

Zu Beginn dieses Jahrhunderts begannen die Ausgrabungen am Red Deer River. Die Versteinerungen der Entenschnabel-, Panzer- und Horn-Dinosaurier wurden auf Pferdewagen oder auf den Flüssen mit Flößen nach Osten gebracht.

Immer neue Funde

Auch heute sind die Ausgrabungen im Dinosaur Provincial Park noch schwere Arbeit. Große Gesteinstafeln, in denen Versteinerungen stecken, werden mit Hubschraubern angehoben und mit schweren Lastwagen ins Museum gebracht.

Red Deer River

Der Red Deer River fließt heute durch die zerklüfteten und trockenen Ebenen von Alberta. Im Laufe der Zeit hat der Fluß tiefe Täler in die alten Ablagerungsgesteine gegraben. Sie prägen heute das Landschaftsbild.

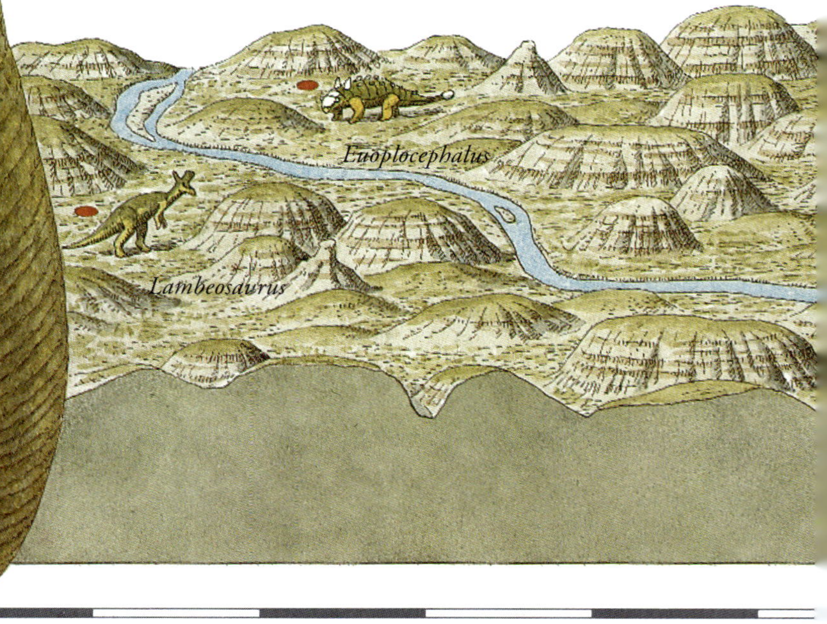

Schädel von *Lambeosaurus*

Gefährliche Waffen

Von den Panzer-Dinosauriern (Ankylosaurier) ist *Euoplocephalus* am häufigsten im Dinosaurier-Park gefunden worden. Sein Rücken und die Körperflanken waren mit einem dicken Panzer bedeckt, der aus einzelnen Platten bestand, auf denen große Dornen und Höcker standen. Am Schwanzende befand sich eine große Knochenkeule. Die Tiere waren bis zu 6 m lang und wogen etwa 2 t.

Dinosaurier-Töne

Der 15 m lange *Lambeosaurus* gehört zu den Entenschnabel-Dinosauriern. Er hatte einen hohlen, nach vorn gerichteten Knochenkamm auf der Schnauze und auf dem Hinterkopf einen nach hinten gerichteten Knochenzapfen. Wahrscheinlich konnten die Tiere mit den hohlen Knochen Laute erzeugen.

Panische Flucht

Vom Horn-Dinosaurier *Centrosaurus* wurden am Red Deer River Versteinerungen einer ganzen Herde gefunden. Neben Knochen von ausgewachsenen Tieren fanden sich auch welche von Jungtieren. Manche Knochen waren zerbrochen. Man könnte annehmen, daß die Tiere in kopfloser Flucht einen Fluß durchqueren wollten und dabei umkamen. Manche Tiere wurden bei der Flucht einfach zertrampelt.

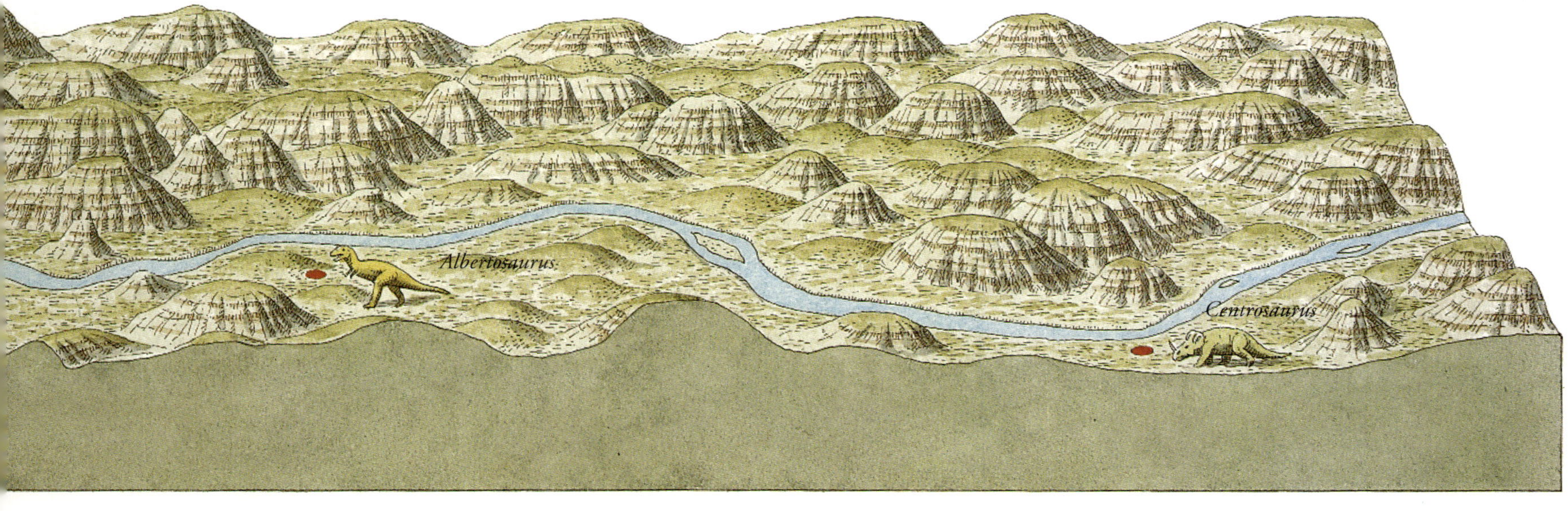

Horn-Dinosaurier

Triceratops ist nicht nur der bekannteste Horn-Dinosaurier, sondern gehört auch zu den am genauesten erforschten Tieren dieser Gruppe. Die Horn-Dinosaurier traten erst gegen Ende der Kreidezeit auf und starben bereits nach 20 Millionen Jahren wieder aus. Der Name *Triceratops* bedeutet wörtlich übersetzt »Dreihorngesicht«, denn dieser Dinosaurier hatte drei Hörner: ein kurzes auf der Schnauze und zwei längere über den Augen. Am hinteren Ende trug der Schädel einen kurzen Nackenschild, der am Rande mit großen Knochenhöckern besetzt war. Der schwere, gedrungene Körper erinnert an den eines Nashorns. Er wurde von kurzen, kräftigen Beinen getragen, die *Triceratops* gegen den Boden stemmte, wenn er sich und seine Jungen vor einem Angreifer verteidigte. Wahrscheinlich lebten die Horn-Dinosaurier in Herden und zogen über das Land, während sie mit ihrem großen Hornschnabel Pflanzen abbissen. Die Horn-Dinosaurier lassen sich in zwei Gruppen einteilen: Tiere mit einem kurzen Nackenschild, z. B. *Centrosaurus* und *Styracosaurus*, und solche mit langem Nackenschild wie *Torosaurus* und *Pentaceratops*. Die Tiere mit einem kurzen Nackenschild hatten gewöhnlich ein langes Horn auf der Schnauze und ein kurzes Horn über jedem Auge. Die Tiere mit langem Nackenschild hatten meistens ein kurzes Horn auf der Schnauze und ein langes, spitzes Horn über jedem Auge. Horn-Dinosaurier wurden nur in Nordamerika gefunden. Sie entstanden wohl erst, als die anderen Kontinente bereits abgetrennt waren.

Triceratops

Triceratops, das »Dreihorngesicht«, trat vor etwa 72 Millionen Jahren zum ersten Mal auf der Erde auf.

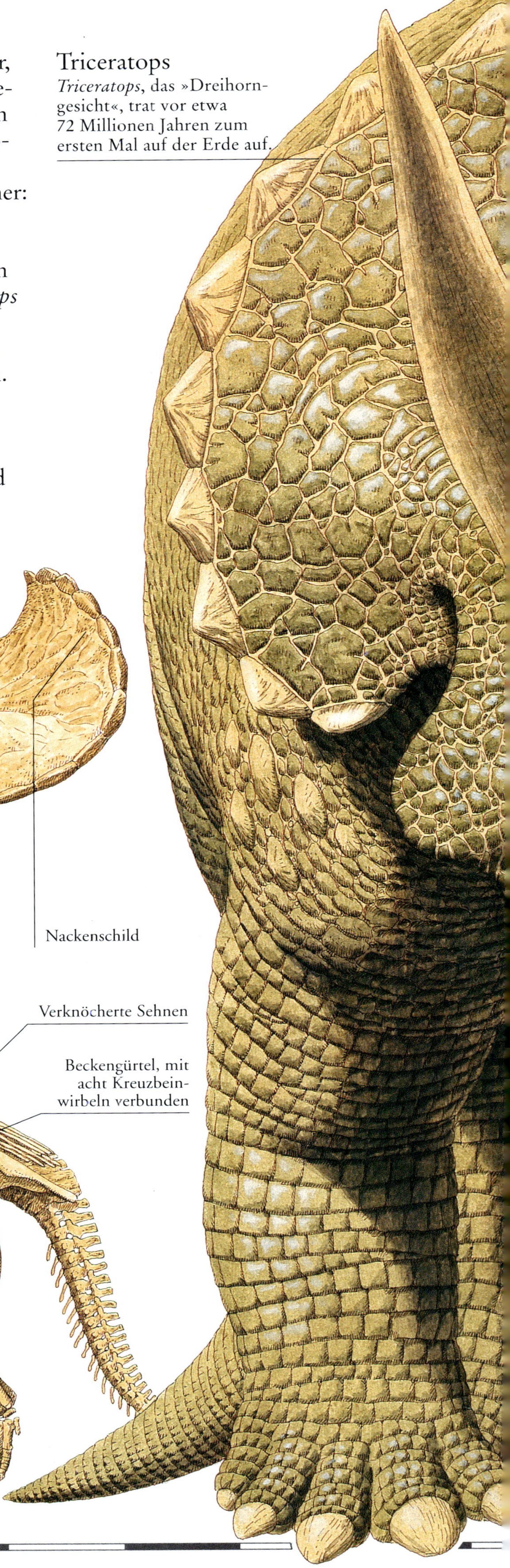

Ein riesiger Kopf

Die Hörner auf der Schnauze und über den Augen sowie der Nackenschild lassen den Schädel der Horn-Dinosaurier besonders mächtig erscheinen. Zwischen den Augen war ein dicker Knochenwulst, der die Festigkeit des Schädels erhöhte.

Der Schädel

Beim Schädel eines Menschen wird ein Großteil des Volumens vom Gehirn eingenommen. Das Gehirn von *Torosaurus* war dagegen nur klein, während Muskeln und Sehnen am Kopf sehr stark ausgeprägt waren.

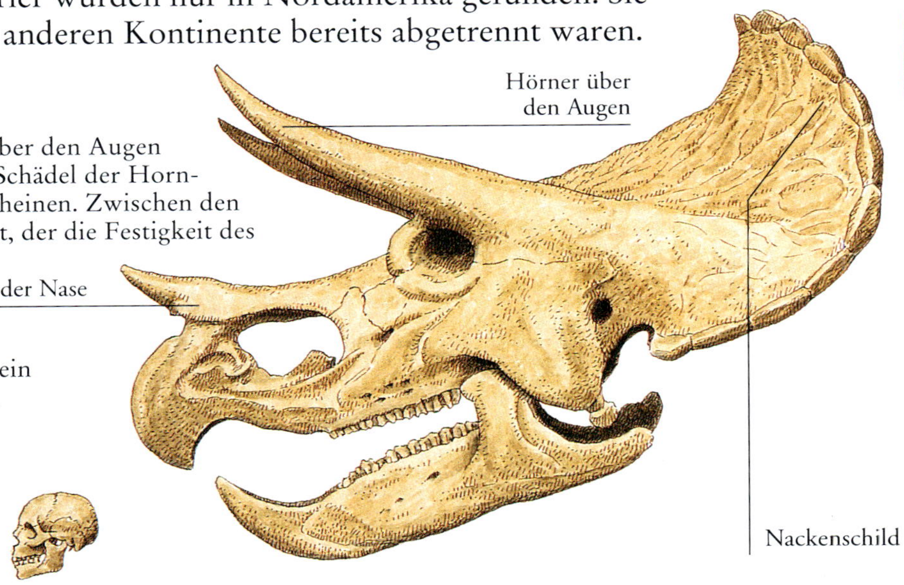

Ein mächtiges Knochengerüst

Das Skelett war bei den Horn-Dinosauriern sehr kräftig ausgebildet, denn es hatte ein schweres Gewicht zu tragen. Die ersten Halswirbel waren miteinander verwachsen. Sie wirkten wie ein Balken und verfestigten die Nackenpartie. Statt mit fünf Wirbeln wie bei den meisten anderen Dinosauriern war der Beckengürtel der Horn-Dinosaurier mit acht Kreuzbeinwirbeln verbunden. Dadurch ergab sich eine größere Ansatzfläche für die Muskulatur des Hinterkörpers.

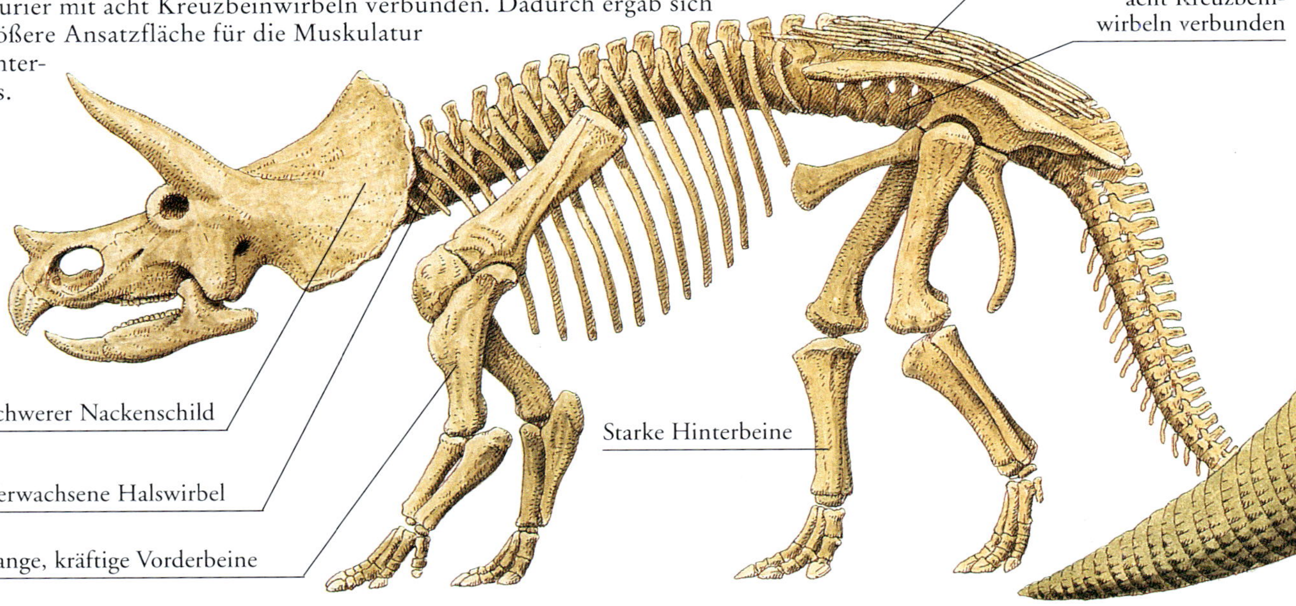

Die Formen des Nackenschilds

Der Nackenschild war in Form und Größe sehr verschieden. Nach seiner Ausbildung lassen sich die Gattungen der Horn-Dinosaurier unterscheiden. Der Nackenschild war am Hinterende des Schädels angewachsen und erstreckte sich oft bis über die Schultern. Meist diente er als Ansatzfläche für die Kau-Muskulatur. Wenn die Tiere ihren Kopf senkten, richtete sich der Nackenschild auf und gab ihnen ein gefährliches Aussehen. *Torosaurus* hatte mit 2,5 m den längsten Nackenschild.

Die Rangordnung

Hörner und Geweihe sind uns von vielen heute lebenden Tieren bekannt. Sie dienen als Waffen zur Verteidigung, aber sie zeigen auch, welches Tier das größte und kräftigste im ganzen Revier ist. Bei den Horn-Dinosauriern wird das nicht anders gewesen sein. Auch bei ihnen zeigte sich so die Rangordnung innerhalb der Herde.

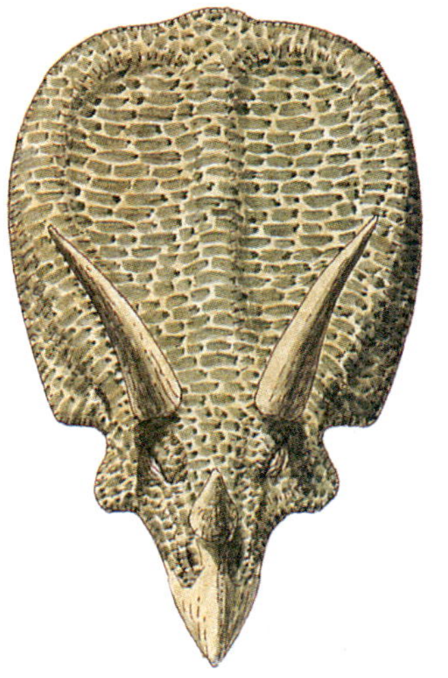

Torosaurus

Fenster im Nackenschild

Bei vielen Horn-Dinosauriern hatte der lange Nackenschild große Fenster, die von Haut überzogen waren. Das machte ihn entschieden leichter, aber zur Verteidigung weniger wirksam. Nur *Triceratops* bildete eine Ausnahme. Sein Nackenschild war massiv und schwer. Der Schädel und der kurze Schild waren zusammen über 2 m lang.

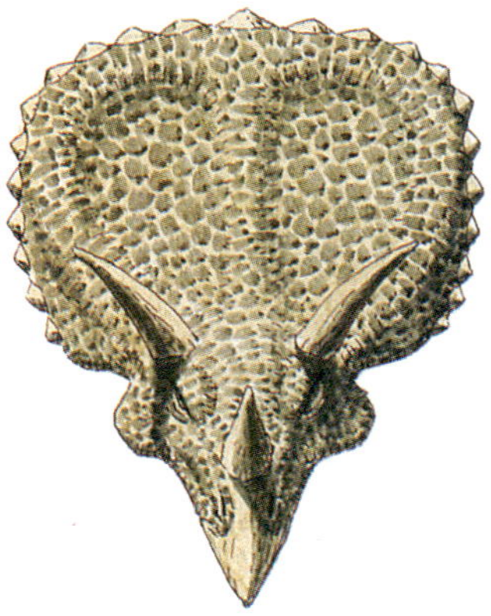

Pentaceratops

Hornschnäbel

Triceratops und alle anderen Horn-Dinosaurier waren Pflanzenfresser. Sie hatten einen großen, stark gekrümmten Hornschnabel mit scharfen Rändern, mit dem sie auch die zähesten Pflanzenteile abweiden konnten. Im hinteren Teil der Kiefer standen Zähne, mit denen die Nahrung weiter zerkleinert wurde.

Ein Schwergewicht

Triceratops war mit 10 t Gewicht wohl der schwerste Horn-Dinosaurier. Ihm folgte *Torosaurus*, der rund 8 t schwer war und damit etwa das gleiche Gewicht hatte wie ein heute lebender Afrikanischer Elefant. Das Gewicht ruhte auf den vier säulenförmigen Beinen, wobei die Vorderbeine durch das Gewicht des Kopfes zusätzlich belastet waren.

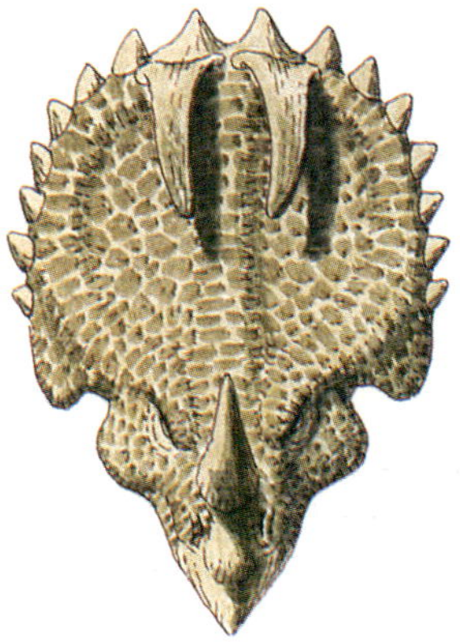

Centrosaurus

Gute Gewichtsverteilung

An den säulenförmigen Beinen saßen breite Füße mit hufähnlichen Nägeln. Über eine kurze Strecke konnte *Triceratops* recht schnell laufen, aber sonst waren die Beine eher auf Standfestigkeit als auf Schnelligkeit hin ausgebildet. Bei Gefahr liefen die Tieren nicht davon, sondern verteidigten sich.

Triceratops

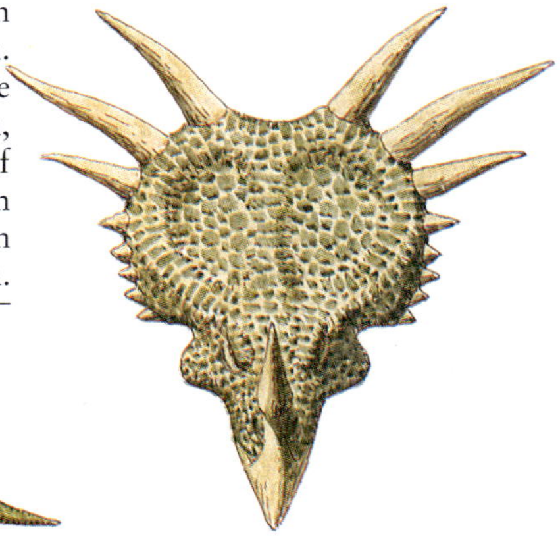

Styracosaurus

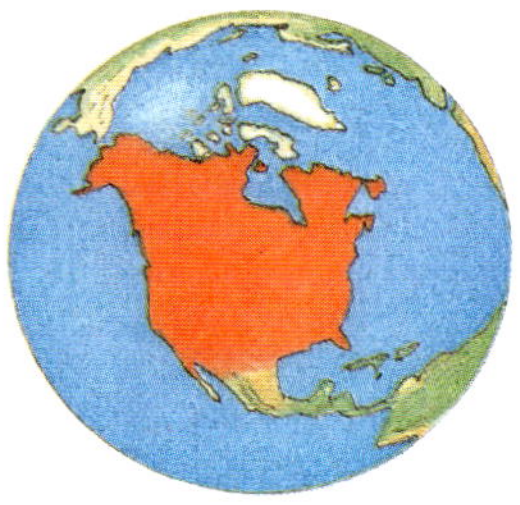

Die Nahrung der Dinosaurier

An dem Gebiß der verschiedenen Dinosaurier kann man erkennen, ob sie Pflanzenfresser oder Fleischfresser waren. Die Pflanzenfresser ernährten sich von den Farnen, Schachtelhalmen und Nacktsamern, die es in der Mittelzeit der Erde gab. Die Fleischfresser fanden ihre Beutetiere in den pflanzenfressenden Dinosauriern, aber auch in anderen Kriechtieren, Lurchen und Insekten. Bei den Ausgrabungen in Alberta (Kanada) war das Verhältnis von fleisch- zu pflanzenfressenden Dinosauriern 1:25; es gab dort also wesentlich mehr pflanzenfressende Dinosaurier. Manche Raubtier-Dinosaurier waren schnellfüßige Jäger und erjagten ihre Beute. Andere Fleischfresser waren so groß und schwer, daß sie sich vorwiegend von Aas ernährten. Alle Fleischfresser hatten scharfe Krallen und spitze Zähne, um die dicke Haut ihrer Opfer zu zerreißen.

Der tödliche Biß

Das größte Raubtier aller Zeiten war *Tyrannosaurus*. Über eine kurze Strecke konnte er ein Beutetier mit einer Geschwindigkeit von 30 km/h verfolgen. Sein Biß war tödlich.

Die Jagd im Rudel

Im Rudel konnte *Deinonychus* sogar einen Sauropoden überwältigen, der viel größer war als er selbst. Mit den Krallen und Zähnen wurde das Opfer erlegt. Die Mahlzeit reichte für alle.

Aasfresser

An versteinerten Knochen von *Apatosaurus* hat man Bißspuren von Allosaurus gefunden. Es ist nicht sicher, ob *Allosaurus* diesen Sauropoden selbst getötet hat oder an dem Kadaver fraß.

Die eigene Brut

In New Mexico hat man in der Leibeshöhle von *Coelophysis* Knochen von Jungtieren gefunden. Wahrscheinlich wurden die Jungen von ihren erwachsenen Artgenossen gefressen.

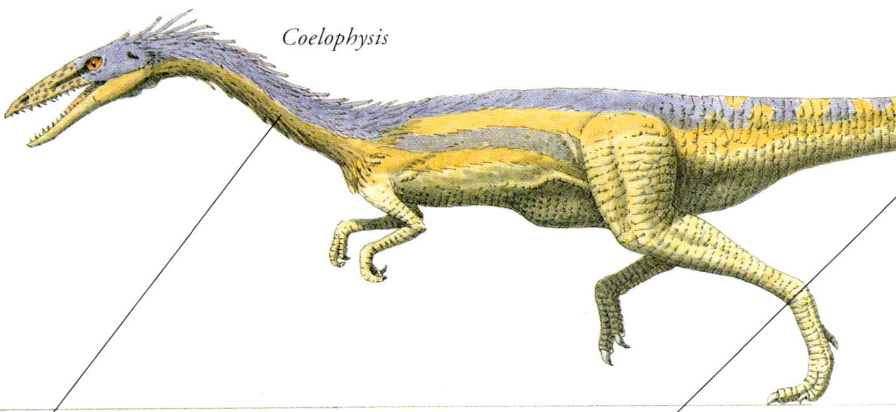

Ein kleiner Jäger

Bei einer Länge von 1 bis 3 m und einem schlanken, langgestreckten Körper war *Coelophysis* ein schneller Jäger. Er erbeutete nicht nur eidechsenähnliche Reptilien, sondern auch viele Insekten. 1947 wurden bei Ghost Ranch in New Mexico (USA) mehr als 100 Skelette gefunden. Sie stammten von unterschiedlich alten Tieren.

Eine gefährliche Waffe

An vielen Merkmalen des Skeletts läßt sich erkennen, daß *Deinonychus* ein erfolgreicher Jäger war. Eine Zehe an seinen Laufbeinen war mit einer großen, sichelförmigen Kralle versehen, mit der das Beutetier getötet wurde. Mit den scharfen Zähnen wurden Stücke aus dessen Körper gerissen und als Ganzes verschluckt.

Zierlich, aber stark

Dilophosaurus lebte zu Beginn der Jurazeit, vor etwa 190 Millionen Jahren. Er gehörte zu den ersten Raubtier-Dinosauriern und erschien 40 Millionen Jahre vor *Allosaurus*. *Dilophosaurus* war etwa 6 m lang. Er tötete seine Beute mit den scharfen Krallen an seinen kurzen Armen, denn das Gebiß war zu schwach dazu. Vielleicht fraß er auch Aas.

Ein großes Raubtier

Allosaurus war gegen Ende der Jurazeit, vor etwa 150 Millionen Jahren, in Nordamerika verbreitet. Zu seinen Beutetieren gehörten Pflanzenfresser wie *Stegosaurus*, *Camptosaurus* und der riesige *Camarasaurus*. Zuweilen hat man Bißspuren von *Allosaurus* an ihren Skeletten gefunden.

Drei Finger an der Hand

Troodon hatte an jedem Fuß eine scharfe, sichelförmige Kralle, mit der er ein Beutetier regelrecht aufschlitzen konnte. An den Vorderbeinen saßen je drei Finger, mit denen das Opfer ergriffen und festgehalten wurde. Mit seinen kräftigen, langen Beinen konnte *Troodon* schnell laufen.

Keiner überlebte

Tyrannosaurus muß zu seiner Zeit der schlimmste Feind aller Dinosaurier gewesen sein. Er war das größte, schwerste und kräftigste Tier unter den Raubtier-Dinosauriern. Aber auch das hat nichts genutzt: Zusammen mit den anderen Dinosauriern starb die Tyrannenechse ebenfalls aus.

Langhalsige Pflanzenfresser

Die Sauropoden waren über das ganze Festland verbreitet. Sie traten vor etwa 185 Millionen Jahren auf und starben vor ungefähr 64 Millionen Jahren aus. Das ungeheure Gewicht ihres Körpers ruhte auf vier säulenförmigen Beinen, an denen je fünf Zehen saßen. Alle Sauropoden hatten einen langen, schlanken Hals und einen ebensolangen, muskulösen Schwanz. Der Kopf war im Verhältnis zum Körper sehr klein. Warscheinlich waren diese Pflanzenfresser den ganzen Tag über mit der Nahrungsaufnahme beschäftigt. Gegen Feinde konnten sie sich mit den Beinen oder mit starken Schlägen ihres Schwanzes verteidigen.

Apatosaurus war eng mit *Diplodocus*, *Barosaurus* und *Mamenchisaurus* verwandt. Er wurde bis zu 23 m lang, bis zu 5 m hoch und wog etwa 30 t! Lange Zeit waren die Wissenschaftler der Ansicht, daß sich ein so schweres Tier nicht auf dem Erdboden fortbewegen könnte. Sie nahmen an, daß die Sauropoden in Seen lebten, wo ihr Gewicht vom Wasser getragen wurde und wo sie ihren langen Hals als eine Art Schnorchel verwendeten. Als man aber in Texas Fußabdrücke von Sauropoden fand, mußte man die Meinung ändern. Die Spuren zeigten keine undeutlichen Vertiefungen, wie sie im Schlamm unter Wasser erhalten bleiben, sondern scharfe Ränder, wie sie im sandigen Lehm auf dem Festland entstehen.

Ein Dinosaurier mit zwei Namen

Dieser Sauropode war lange Zeit unter dem Namen *Brontosaurus* bekannt. Erst später hat man herausgefunden, daß die ersten Versteinerungen dieses Dinosauriers bereits unter dem Namen *Apatosaurus* beschrieben worden waren – und der älteste Name gilt!

Ein Faß ohne Boden

Vor etwa 150 Millionen Jahren, gegen Ende der Jurazeit, zogen Herden von *Apatosaurus* durch ganz Nordamerika. Jedes Tier brauchte täglich mehrere Tonnen Pflanzennahrung, um seinen riesigen Körper am Leben zu erhalten. Auf der Nahrungssuche legten sie jeden Tag große Strecken zurück.

Kein Kopf ist wie der andere

Lange Zeit hat man keinen Schädel von *Apatosaurus* gefunden, und fast 100 Jahre lang nahm man einen Schädel von *Camarasaurus*, um sein Skelett zu vervollständigen. Erst 1975 wurde ein Schädel von *Apatosaurus* entdeckt und festgestellt, daß er dem von *Diplodocus* ähnelt.

Für immer versteinert

Versteinerungen von Fußspuren werden relativ häufig gefunden. Sie entstanden, wenn ein Tier mit seinen Füßen im Erdboden eingesunken war und diese Vertiefungen bald von einer Erdschicht bedeckt wurden. Im Laufe der Zeit wurde der Boden zu Stein.

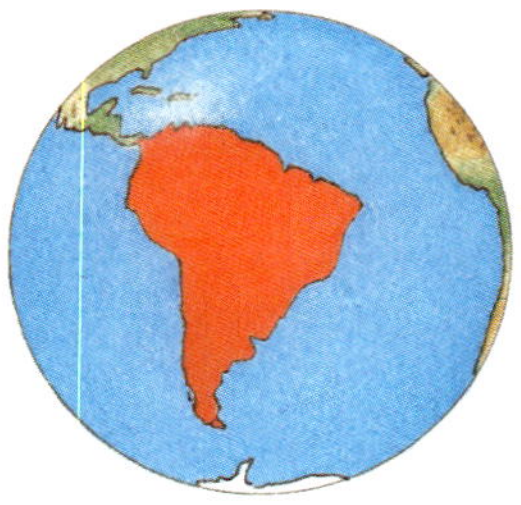

Funde in Südamerika

In Südamerika waren die Dinosaurier seit dem Beginn ihrer Entwicklung vertreten. Überall, wo dichte Wälder sind, ist es sehr schwer, Fossilien ausgestorbener Tiere zu finden. Das ist auch in Südamerika nicht anders. So stammen die meisten Funde aus Argentinien und dem südlichen Brasilien, wo es ausgedehnte Grasländer und Trockengebiete gibt. In der rechts abgebildeten Karte sind die wichtigsten Fundorte eingezeichnet. Dinosaurier wurden aber auch in Chile, Uruguay und Kolumbien entdeckt. Alle diese Funde geben einen Hinweis auf die große Rolle, die Südamerika für die Entwicklung der Dinosaurier gespielt hat. So gehört der hier entdeckte *Herrerasaurus* zu den Urtümlichsten seiner Gruppe, und die Versteinerungen des frühen Pflanzenfressers *Riojasaurus* zeigen, daß Südamerika einmal mit anderen Kontinenten verbunden war. Die riesigen Pflanzenfresser *Saltasaurus* und *Titanosaurus* starben erst vor 64 Millionen Jahren aus.

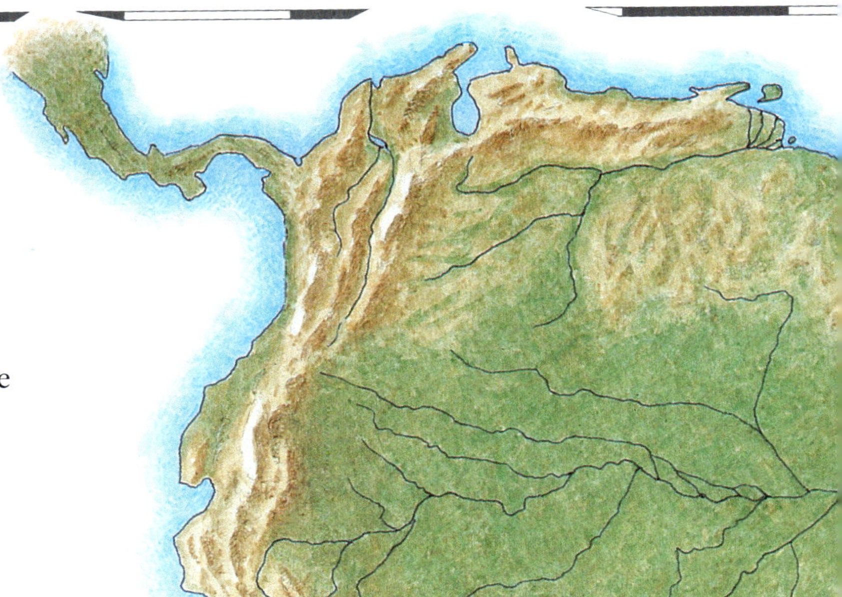

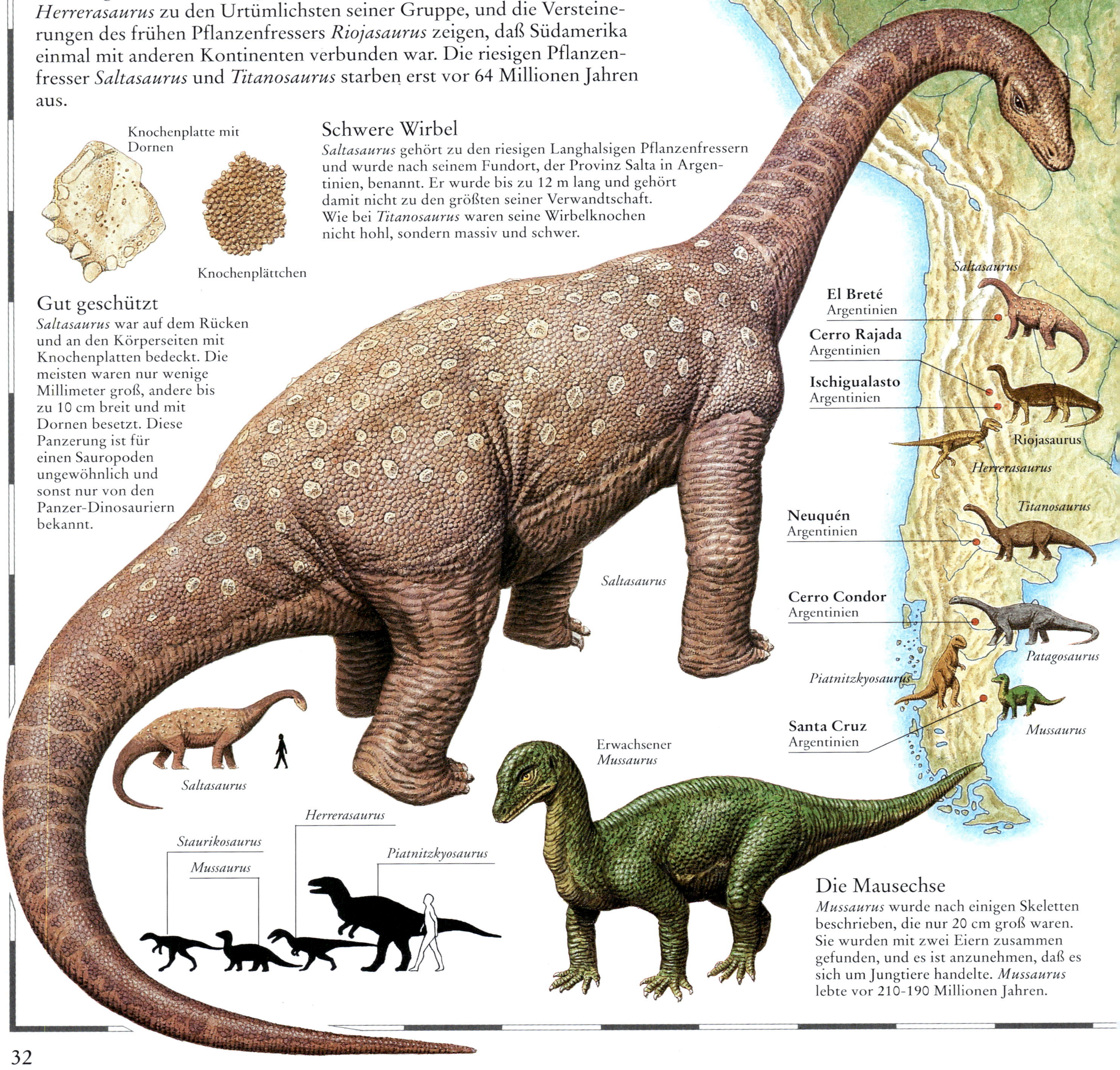

Knochenplatte mit Dornen

Knochenplättchen

Schwere Wirbel

Saltasaurus gehört zu den riesigen Langhalsigen Pflanzenfressern und wurde nach seinem Fundort, der Provinz Salta in Argentinien, benannt. Er wurde bis zu 12 m lang und gehört damit nicht zu den größten seiner Verwandtschaft. Wie bei *Titanosaurus* waren seine Wirbelknochen nicht hohl, sondern massiv und schwer.

Gut geschützt

Saltasaurus war auf dem Rücken und an den Körperseiten mit Knochenplatten bedeckt. Die meisten waren nur wenige Millimeter groß, andere bis zu 10 cm breit und mit Dornen besetzt. Diese Panzerung ist für einen Sauropoden ungewöhnlich und sonst nur von den Panzer-Dinosauriern bekannt.

Saltasaurus

Saltasaurus

Erwachsener *Mussaurus*

Die Mausechse

Mussaurus wurde nach einigen Skeletten beschrieben, die nur 20 cm groß waren. Sie wurden mit zwei Eiern zusammen gefunden, und es ist anzunehmen, daß es sich um Jungtiere handelte. *Mussaurus* lebte vor 210-190 Millionen Jahren.

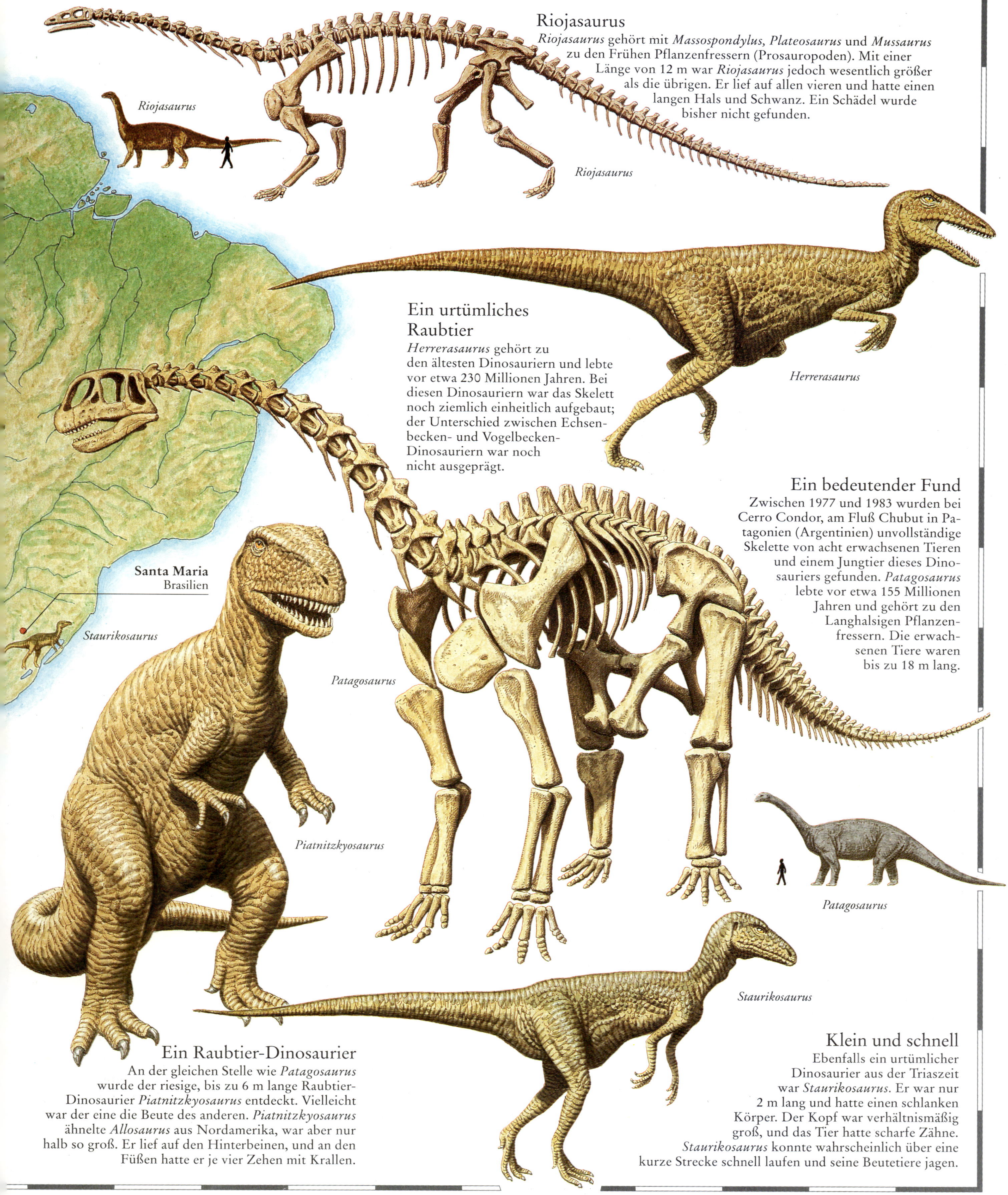

Riojasaurus

Riojasaurus gehört mit *Massospondylus, Plateosaurus* und *Mussaurus* zu den Frühen Pflanzenfressern (Prosauropoden). Mit einer Länge von 12 m war *Riojasaurus* jedoch wesentlich größer als die übrigen. Er lief auf allen vieren und hatte einen langen Hals und Schwanz. Ein Schädel wurde bisher nicht gefunden.

Ein urtümliches Raubtier

Herrerasaurus gehört zu den ältesten Dinosauriern und lebte vor etwa 230 Millionen Jahren. Bei diesen Dinosauriern war das Skelett noch ziemlich einheitlich aufgebaut; der Unterschied zwischen Echsenbecken- und Vogelbecken-Dinosauriern war noch nicht ausgeprägt.

Ein bedeutender Fund

Zwischen 1977 und 1983 wurden bei Cerro Condor, am Fluß Chubut in Patagonien (Argentinien) unvollständige Skelette von acht erwachsenen Tieren und einem Jungtier dieses Dinosauriers gefunden. *Patagosaurus* lebte vor etwa 155 Millionen Jahren und gehört zu den Langhalsigen Pflanzenfressern. Die erwachsenen Tiere waren bis zu 18 m lang.

Ein Raubtier-Dinosaurier

An der gleichen Stelle wie *Patagosaurus* wurde der riesige, bis zu 6 m lange Raubtier-Dinosaurier *Piatnitzkyosaurus* entdeckt. Vielleicht war der eine die Beute des anderen. *Piatnitzkyosaurus* ähnelte *Allosaurus* aus Nordamerika, war aber nur halb so groß. Er lief auf den Hinterbeinen, und an den Füßen hatte er je vier Zehen mit Krallen.

Klein und schnell

Ebenfalls ein urtümlicher Dinosaurier aus der Triaszeit war *Staurikosaurus*. Er war nur 2 m lang und hatte einen schlanken Körper. Der Kopf war verhältnismäßig groß, und das Tier hatte scharfe Zähne. *Staurikosaurus* konnte wahrscheinlich über eine kurze Strecke schnell laufen und seine Beutetiere jagen.

Funde in Europa

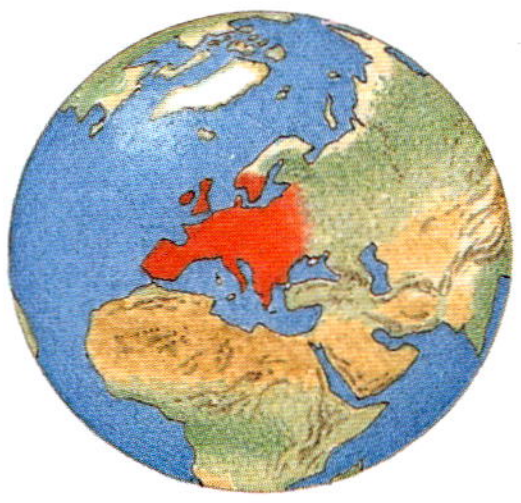

Die Bezeichnung »Dinosaurier« wurde zum ersten Mal 1841 bei einem wissenschaftlichen Kongreß in Plymouth (England) verwendet. Sir Richard Owen faßte unter diesem Namen die Fossilien der bis dahin in England gefundenen riesigen Reptilien zusammen. Es handelte sich um *Iguanodon, Megalosaurus* und *Hylaeosaurus*. Der Name Dinosaurier heißt wörtlich übersetzt »Schreckensechse«. Als die Dinosaurier Europa besiedelten, war das Klima heiß und trocken. Dennoch konnte sich *Plateosaurus* hier ausbreiten, während *Megalosaurus* erst später erschien, als es feuchter geworden war. Später folgten *Iguanodon*, ein Pflanzenfresser, der weit verbreitet war, sowie *Baryonyx* und *Hypsilophodon*. In der Karte sind die bedeutendsten Fundstellen eingetragen.

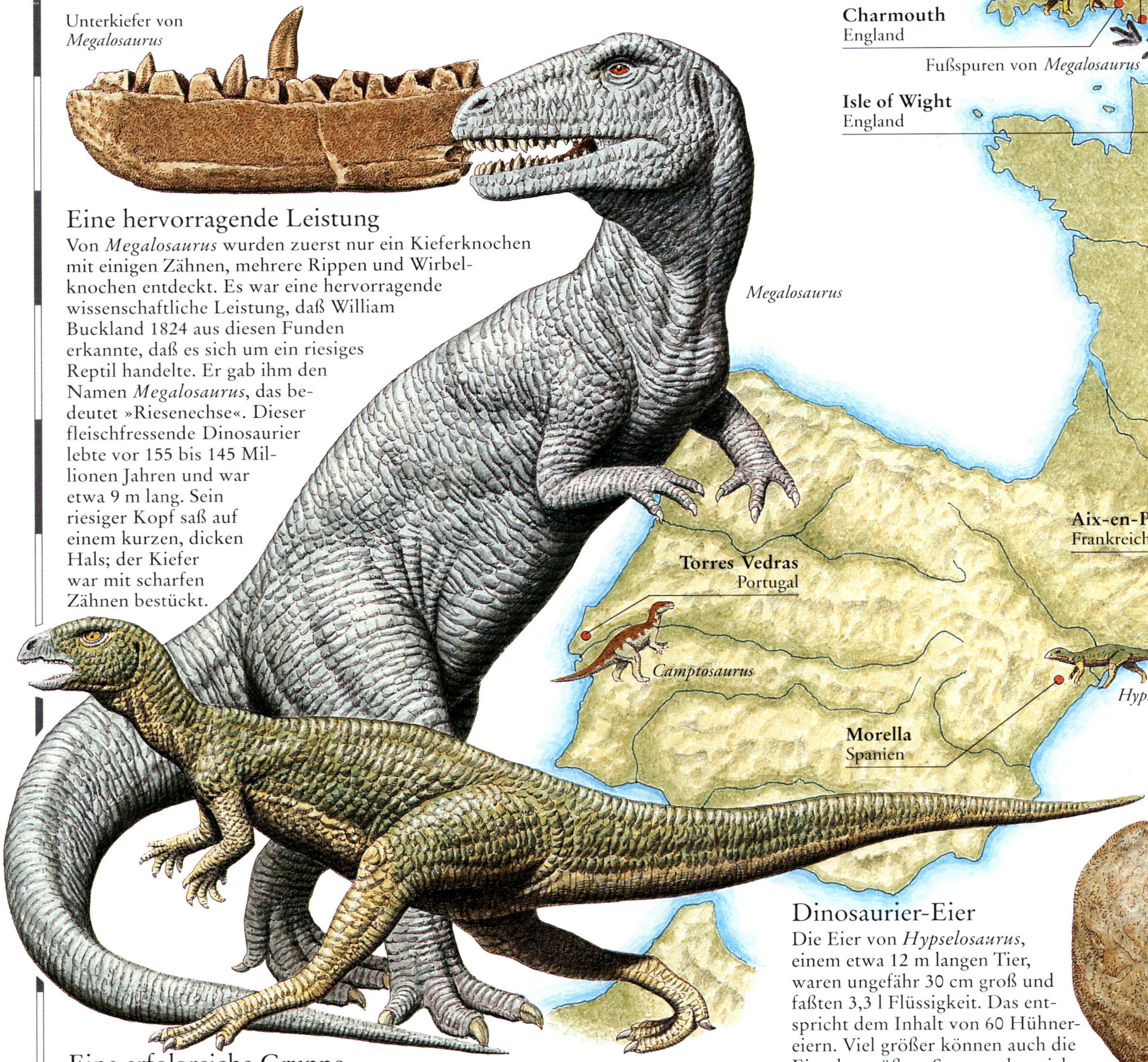

Unterkiefer von *Megalosaurus*

Eine hervorragende Leistung

Von *Megalosaurus* wurden zuerst nur ein Kieferknochen mit einigen Zähnen, mehrere Rippen und Wirbelknochen entdeckt. Es war eine hervorragende wissenschaftliche Leistung, daß William Buckland 1824 aus diesen Funden erkannte, daß es sich um ein riesiges Reptil handelte. Er gab ihm den Namen *Megalosaurus*, das bedeutet »Riesenechse«. Dieser fleischfressende Dinosaurier lebte vor 155 bis 145 Millionen Jahren und war etwa 9 m lang. Sein riesiger Kopf saß auf einem kurzen, dicken Hals; der Kiefer war mit scharfen Zähnen bestückt.

Megalosaurus

Hypsilophodon

Eine erfolgreiche Gruppe

Hypsilophodon lebte vor 150 Millionen Jahren und gehört zu den Vogelfuß-Dinosauriern. Dieser Verwandtschaftskreis war außerordentlich erfolgreich und starb erst am Ende der Dinosaurierzeit vor 64 Millionen Jahren aus. *Hypsilophodon* war nur 2 m lang und ein Pflanzenfresser.

Dinosaurier-Eier

Die Eier von *Hypselosaurus*, einem etwa 12 m langen Tier, waren ungefähr 30 cm groß und faßten 3,3 l Flüssigkeit. Das entspricht dem Inhalt von 60 Hühnereiern. Viel größer können auch die Eier der größten Sauropoden nicht gewesen sein, denn sie hätten dann eine viel dickere Schale haben müssen. Diese Schale hätte das Jungtier aber beim Schlüpfen nicht zerbrechen können.

Ein sensationeller Fund

Die Entdeckung von *Baryonyx* in Südengland war eine kleine Sensation. Ein Liebhabersammler hatte 1983 nur eine 30 cm lange, sichelförmige Kralle gefunden, aber spätere Ausgrabungen brachten mehr als die Hälfte aller Knochen zum Vorschein. Die Schädelform von *Baryonyx* erinnert an ein Krokodil.

Zahlreiche Fundorte

Von *Plateosaurus*, einem 6 bis 8 m langen Vertreter der Frühen Pflanzenfresser, wurden in Mitteleuropa viele Skelette gefunden. Allein England, Frankreich, Deutschland und die Schweiz weisen mehr als 50 Fundorte auf. Zahlreiche vollständige Skelette, aber auch Einzelknochen wurden bei Trossingen (Deutschland) entdeckt. Die Frühen Pflanzenfresser (Prosauropoden) waren die Vorläufer der Langhalsigen Pflanzenfresser (Sauropoden).

Gesteinsplatte mit Versteinerungen von *Archaeopteryx*, wie sie in Solnhofen gefunden wurde

Vogel oder Reptil?

Von *Archaeopteryx* wurde in Solnhofen (Deutschland) 1861 das erste Skelett gefunden. Der Knochenbau von *Archaeopteryx* erinnert an einen Dinosaurier. Aber der sehr feinkörnige Kalk zeigte es deutlich: Das Tier hatte Federn, und Federn gibt es nur bei den Vögeln. Dieser Fund beweist, daß die Vögel vor mehr als 150 Millionen Jahren entstanden und aus den Reptilien hervorgegangen sind.

Funde im Bergwerk

Fossilien kann man überall finden, in den höchsten Gebirgen oder in den tiefsten Tälern. Viele liegen so tief unter der Erdoberfläche, daß sie wohl niemals an das Tageslicht kommen – es sei denn, der Mensch gräbt Löcher in die Tiefe und entdeckt dabei die Versteinerungen. Genau das geschah 1877, also vor mehr als 100 Jahren, in Bernissart (Belgien). Die Bergleute, die hier Kohle abbauten, fanden merkwürdige Versteinerungen und hielten sie anfangs für fossiles Holz. Aber die Wissenschaftler fanden schnell heraus, daß es sich um Knochen eines Dinosauriers handelte. Innerhalb weniger Jahre wurden 31 Skelette von *Iguanodon* geborgen, bevor die Arbeiten in der Grube wegen Wassereinbrüchen aufgegeben werden mußten. *Iguanodon* war ein großer, pflanzenfressender Dinosaurier. Er erreichte eine Länge von 9 m, war 5 m hoch sowie 4 t schwer. Versteinerungen und Fußabdrücke von *Iguanodon* wurden in vielen Ländern Europas gefunden, aber auch auf Spitzbergen und in Südamerika, in Nordamerika und Nordafrika. Er lebte vor etwa 125 bis 110 Millionen Jahren.

Iguanodon bernissartensis

Die Kohlengrube

Auf der Erdoberfläche standen die Zechengebäude und die Fördertürme, mit denen die Kohle transportiert wurde. In der Tiefe, wo die Kohle abgebaut wurde, entdeckte man die Dinosaurier. Wassereinbrüche und Erdbewegungen erschwerten ihre Bergung.

Verschiedene Arten

Die in Bernissart gefundenen Versteinerungen von *Iguanodon* gehörten offensichtlich zu zwei verschiedenen Arten. *Iguanodon bernissartensis* war bei weitem die häufigste, während *Iguanodon atherfieldensis* nur mit zwei Skeletten vertreten war. In der Lebensweise werden sich die beiden Arten kaum unterschieden haben. Sie liefen meist auf allen vieren und weideten Pflanzen vom Boden ab. Um aber auch an die Baumkronen heranzukommen, richteten sie sich auf den Hinterbeinen auf und stützten sich mit dem Schwanz.

Iguanodon atherfieldensis

Obere Gesteinsschichten

Die Kohlenflöze waren von verschiedenen Gesteinsschichten überlagert. Sie mußten zuerst durchbrochen werden, um an die Kohle zu gelangen.

Die erste Fundschicht

Die meisten Skelette von *Iguanodon* wurden in einer Tiefe von 322 m gefunden. In der gleichen Schicht lagen versteinerte Fische, Krokodile und Schildkröten.

Die zweite Fundschicht

Weitere Skelette wurden in 355 m Tiefe in einer anderen Schicht entdeckt. Diese Versteinerungen waren die letzten, die im Kohlebergwerk von Bernissart geborgen werden konnten.

Ähnlich, aber verschieden

Als die Wissenschaftler die versteinerten Skelette untersuchten, stellten sie fest, daß es sich bei den Funden um zwei eng verwandte Arten handelte. Die Skelette von zwei Exemplaren hatten kleinere Knochen, die aber nicht etwa zu Jungtieren gehörten, sondern zu kleineren ausgewachsenen Tieren. Solche »Leichtgewichte« waren auch auf der Isle of Wight gefunden worden. Als *Iguanodon* lebte, gab es zwischen England und Belgien kein Meer.

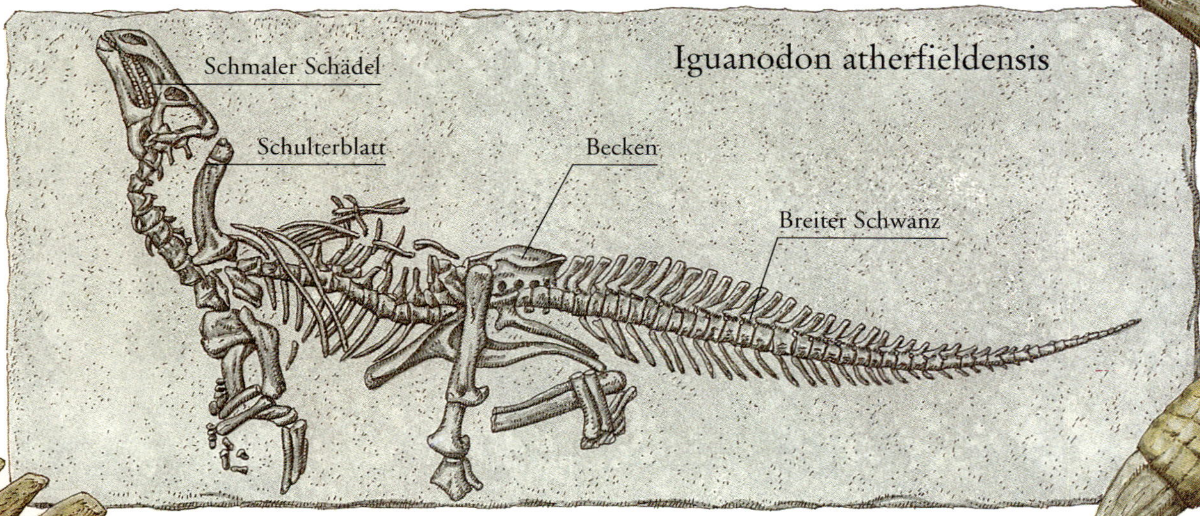

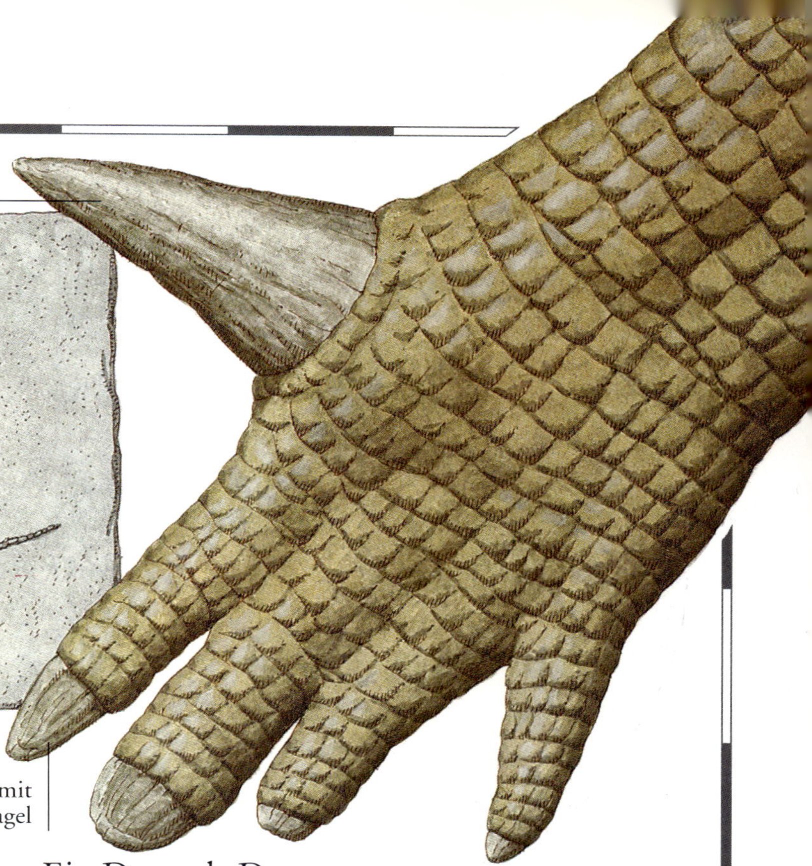

Im Schlamm begraben

Die Funde von Bernissart waren deshalb so sensationell, weil hier viele vollständige Skelette von *Iguanodon* entdeckt wurden. Außerdem blieben in dem feinkörnigen Gestein auch die feinsten Einzelheiten noch gut erkennbar. Die Tiere lebten nicht zur gleichen Zeit, denn ihre Skelette lagen in verschiedenen Gesteinsschichten.

Ein Dorn als Daumen

Obwohl sich *Iguanodon* auf die Hinterbeine aufrichten konnte, waren seine Finger nicht als Greiforgan, sondern zum Laufen ausgebildet. Die Finger wurden dabei weit auseinandergespreizt. Die drei mittleren hatten hufartige Nägel, und der Daumen war zu einem Dorn umgebildet. Wahrscheinlich verteidigte sich *Iguanodon* damit.

Muskeln und Fleisch

An versteinerten Knochen kann man bestimmte rauhe Stellen erkennen, an denen die Muskeln angewachsen waren. Mit Hilfe dieser Erkenntnisse und durch den Vergleich mit heute lebenden Tieren kann man die Gestalt eines Dinosauriers rekonstruieren.

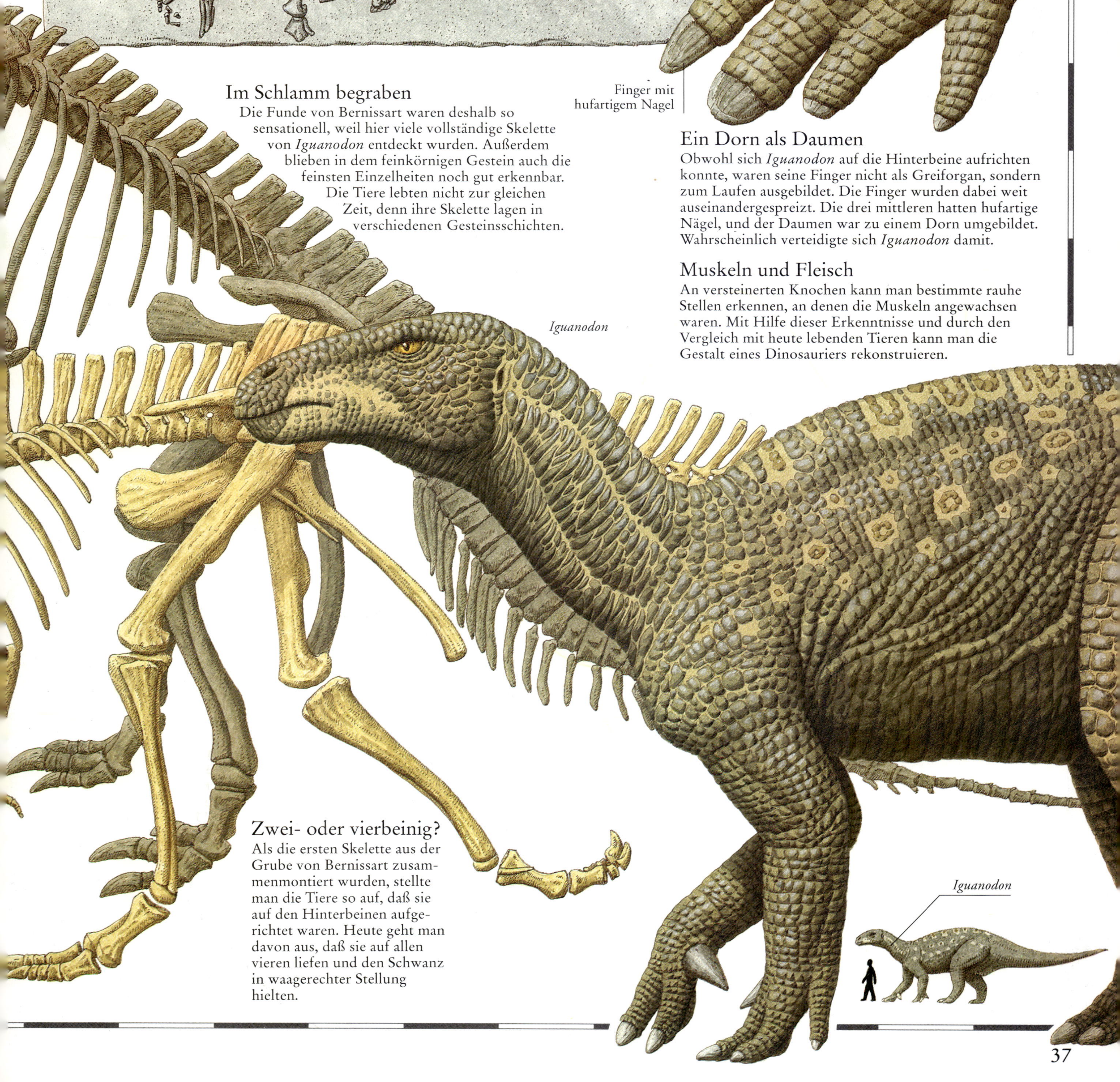

Zwei- oder vierbeinig?

Als die ersten Skelette aus der Grube von Bernissart zusammenmontiert wurden, stellte man die Tiere so auf, daß sie auf den Hinterbeinen aufgerichtet waren. Heute geht man davon aus, daß sie auf allen vieren liefen und den Schwanz in waagerechter Stellung hielten.

Baryonyx

Da er erst 1983 entdeckt wurde, gehört *Baryonyx* zu den »jüngsten« Dinosauriern. Er hat den Wissenschaftlern schweres Kopfzerbrechen bereitet. Das erste Stück, das in Surrey (England) gefunden wurde, war eine etwa 30 cm große, sichelförmig gebogene Kralle. 3 t Gestein mußten bearbeitet werden, um weitere Teile des Skeletts freizulegen. Aber die Mühe hat sich gelohnt: *Baryonyx* ist der einzige Vertreter einer bisher unbekannten Gruppe unter den Fleischfressenden Dinosauriern (Theropoden). Nicht nur die riesige Kralle gibt ihm eine Sonderstellung, sondern auch die für einen Theropoden großen und kräftigen Vorderbeine sowie der langgestreckte Kopf, der an ein Krokodil erinnert. Unlängst wurden in der Sahara ähnliche Versteinerungen gefunden. Vielleicht können sie dazu beitragen, daß man sich ein genaueres Bild von *Baryonyx* machen kann.

Die Kralle

Am äußeren Rand gemessen ist die Kralle von *Baryonyx* genau 31 cm lang. Sie wurde von einem Liebhabersammler gefunden und gab dem Tier den Namen *Baryonyx*, das heißt »Schwere Kralle«.

Zwei- oder Vierbeinig?

Die Hinterbeine von *Baryonyx* konnten den ganzen Körper tragen. Im Gegensatz zu den anderen Fleischfressenden Dinosauriern waren aber auch seine Arme kräftig. Vielleicht ging und stand *Baryonyx* auf allen vieren und lief schnell auf den Hinterbeinen.

Baryonyx auf allen vieren

Ein ungewöhnlicher Kopf

Während fleischfressende Dinosaurier wie *Allosaurus* oder *Tyrannosaurus* einen kurzen, dicken Kopf hatten, war dieser bei *Baryonyx* langgestreckt und schmal. Vor allem der dünne und lange Unterkiefer gab ihm ein ganz ungewöhnliches Aussehen. Der Hals war kurz und kräftig.

Wo saß die Kralle?

Ob die große Kralle wirklich an den Vorderfüßen saß, läßt sich nicht mit Sicherheit sagen, denn die einzige gefundene Kralle lag neben dem Skelett. Aber die Arme waren so kräftig, daß vieles dafür spricht. Vielleicht saß die Kralle jeweils am innersten Finger.

Baryonyx

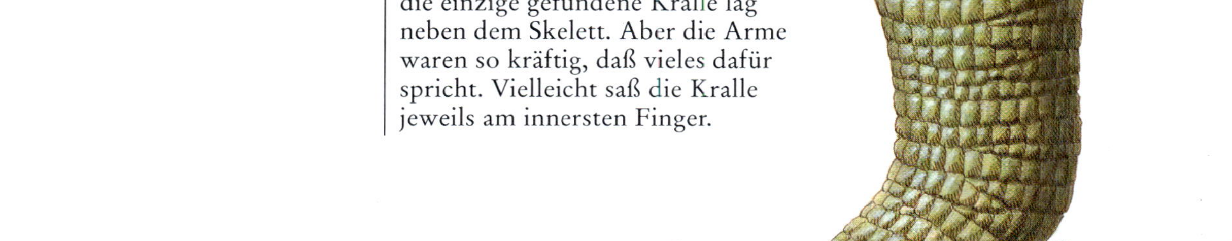

Lepidotes

Das Skelett von *Baryonyx*, wie es gefunden wurde

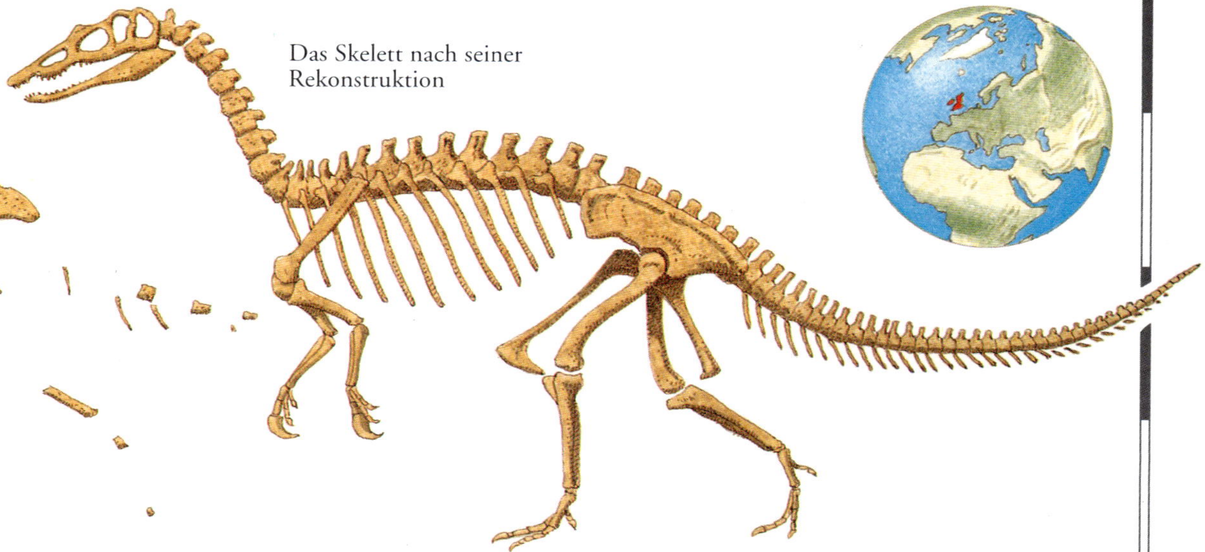

Das Skelett nach seiner Rekonstruktion

Das Knochen-Spiel

Fossilien findet man nur selten in ihrer natürlichen Stellung. Meist ist es ein Puzzlespiel, sie richtig anzuordnen. Erschwert wird das, wenn nicht alle Knochen des Skeletts erhalten sind.

Verlorene Teile werden ersetzt

Von *Baryonyx* wurden mehr als die Hälfte der zum Skelett gehörenden Knochen gefunden. Nachdem sie ihrer natürlichen Lage entsprechend angeordnet worden waren, konnte man damit beginnen, die fehlenden Stücke aus Kunststoff nachzubilden und zu ergänzen.

Ein Fischfresser

Baryonyx ernährte sich von Beutetieren. Aber man kann sich nur schwer vorstellen, daß er mit seinem dünnen Unterkiefer kräftig zugebissen hat. Vielleicht hat er sich von Fischen ernährt. Neben seinem Skelett hat man tatsächlich Fischschuppen von *Lepidotes* gefunden.

Von Kopf bis Schwanz

Baryonyx war etwa 6 m lang. Der Körper war dem anderer Fleischfressender Dinosaurier ähnlich, aber der Hals war dick und konnte nicht S-förmig gebogen werden. Über die Form des Schwanzes läßt sich kaum etwas sagen, da nur wenige Schwanzwirbel gefunden wurden.

Wie ein Krokodil

32 kleine, zugespitzte Zähne standen auf jeder Seite des Unterkiefers von *Baryonyx*. Wahrscheinlich waren es im Oberkiefer nicht weniger. Die Stellung der Zähne und der langgestreckte Kopf zeigen eine große Übereinstimmung mit einem heute lebenden Krokodil. Auch das Krokodil ernährt sich überwiegend von Fischen.

Mit den Zähnen eines Krokodils

Die Zähne eines Krokodils sind zugespitzt. Sie haben keine Schneide, mit der das Fleisch eines Beutetieres in kleine Bissen zerkaut werden könnte. Krokodile ergreifen einen Fisch damit und verschlingen ihn ganz oder in großen Stücken.

Säulenförmige Hinterbeine

Die Hinterbeine von *Baryonyx* waren dick und säulenförmig. Wenn sich das Tier auf ihnen aufrichtete, war es mehr als 4 m hoch. Es ist zu bezweifeln, daß Baryonyx schnell laufen konnte. Das gelang ihm höchstens über eine kurze Strecke.

Compsognathus

Daß ein versteinerter Dinosaurier gefunden wird, grenzt fast an ein Wunder. Millionen von Jahren war er unter dicken Gesteinsschichten begraben. Es dauerte wiederum Millionen Jahre, bis der Fels verwitterte und die Versteinerung sichtbar wurde. Und dann muß noch ein Mensch vorbeikommen, der die Fossilien erkennt! Wenn der versteinerte Dinosaurier dann nur so groß ist wie ein Haushuhn, ist die Entdeckung wirklich eine Sensation. Von *Compsognathus* wurden nur drei Skelette gefunden, von denen das größte und vollständigste gerade 75 cm lang ist. Es wurde in Süddeutschland in Gesteinen endeckt, die so alt sind wie der Plattenkalk, in dem *Archaeopteryx* gefunden wurde. Tatsächlich ähneln sich die Skelette von *Compsognathus* und *Archaeopteryx* in vielen Einzelheiten, aber *Archaeopteryx* hatte Federn und *Compsognathus* nicht. *Compsognathus* hatte starke Laufbeine und war ein schnellfüßiger, eleganter Jäger. Mit seinen spitzen Zähnen fraß er Insekten, aber auch kleinere Echsen, wie die Knochen in der Bauchhöhle eines in Süddeutschland gefundenen Fossils zeigen. *Compsognathus* lebte vor etwa 145 Millionen Jahren.

Ein kleiner Dinosaurier

Compsognathus war einer der kleinsten Dinosaurier, die je gefunden wurden. Bei einer Gesamtlänge von etwa 65 cm war er nicht größer als eine Katze, denn die Hälfte der Länge wurde allein vom Schwanz eingenommen. Seine Beutetiere waren Insekten und Echsen.

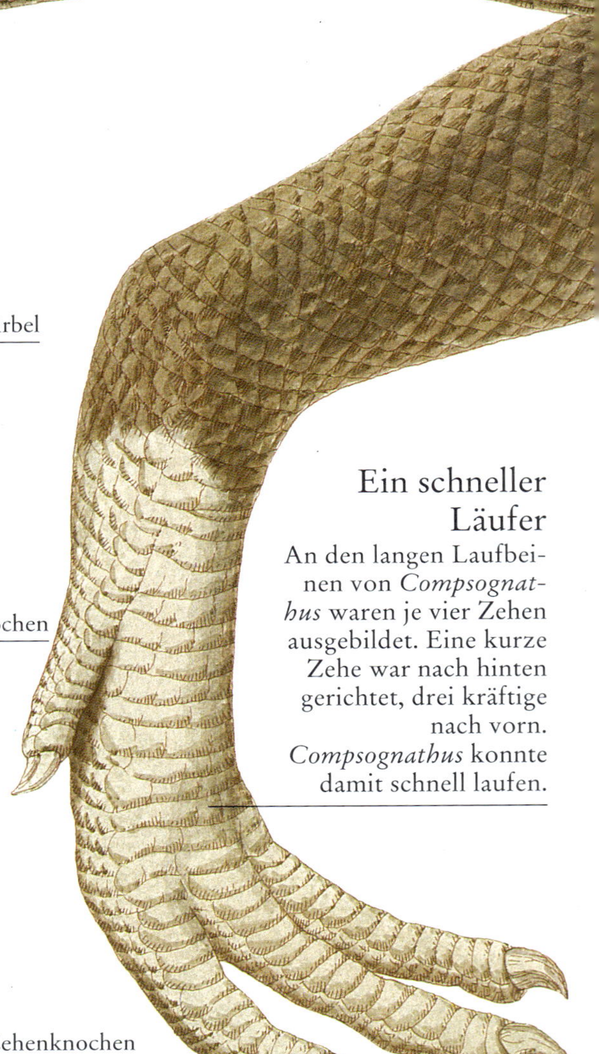

In Originalgröße

Nur selten ist es möglich, einen Dinosaurier in natürlicher Größe abzubilden. Bei dieser Abbildung von *Compsognathus* ist es gelungen.

Nach dem Tod

In dieser Stellung wurde ein Skelett von *Compsognathus* gefunden. Es ist gar nicht leicht, auf den ersten Blick zu erkennen, wo vorn und hinten ist, obwohl nur wenige Schwanzknochen fehlen. Bei Tieren mit einem verhältnismäßig langen Hals wird nach dem Tod der Kopf weit nach hinten gebogen, weil die Sehnen und Bänder im Hals austrocknen und sich verkürzen. Bei dem abgebildeten Exemplar berührt das Schädeldach fast den Rücken. Wenn man das weiß, kann man die kurzen Vorderbeine leichter erkennen. Die langen Hinterbeine haben ihre natürliche Lage behalten, und Knochen und Krallen sind vollständig erhalten.

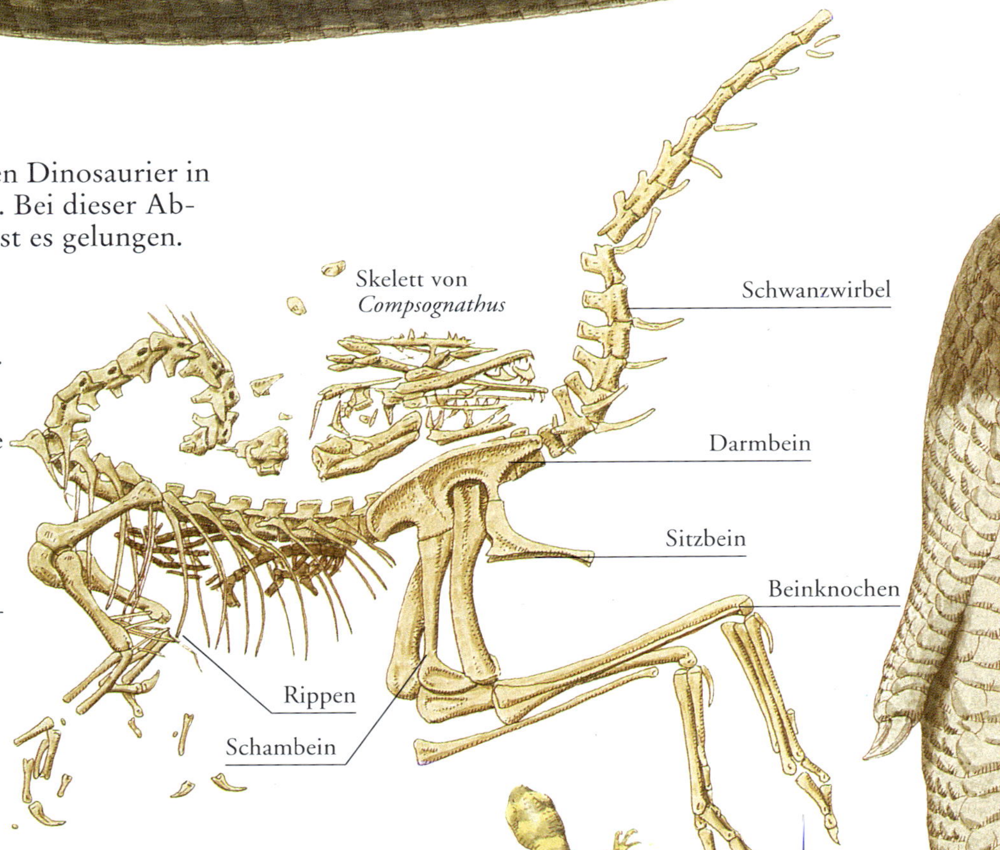

Skelett von *Compsognathus*

Ein schneller Läufer

An den langen Laufbeinen von *Compsognathus* waren je vier Zehen ausgebildet. Eine kurze Zehe war nach hinten gerichtet, drei kräftige nach vorn. *Compsognathus* konnte damit schnell laufen.

Mit Mageninhalt

In der Bauchhöhle von *Compsognathus* wurden Knochen einer kleinen Echse gefunden, die zu den Beutetieren dieses flinken Jägers gehörte.

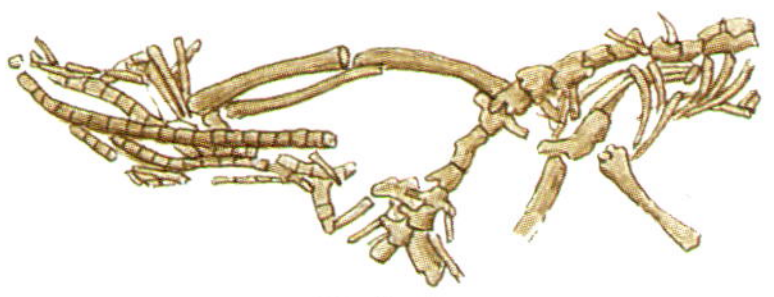

Skelett von *Bavarisaurus*

Bavarisaurus

Rekonstruiertes Skelett

Ein Leichtgewicht

Compsognathus war nicht nur sehr schlank und klein, sondern auch sehr leicht. Der ganze Körper wog nicht mehr als 3,5 kg. Seine dünnen Knochen waren hohl.

Compsognathus

Gekrümmte Zähne

Ein schnellfüßiges und flinkes Raubtier braucht spitze Zähne, um seine Beute zu ergreifen. *Compsognathus* hatte etwa 68 spitze, gekrümmte Zähne in seinen Kiefern.

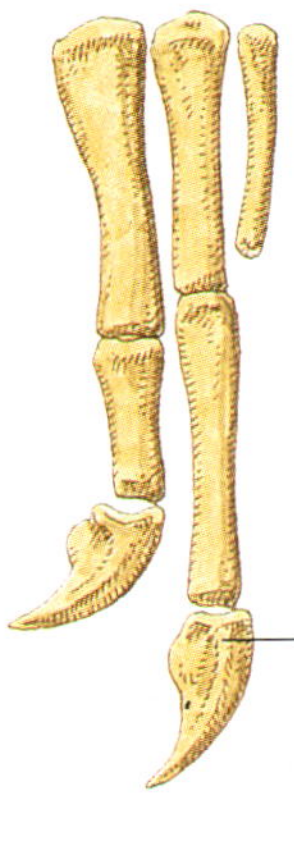

Die Finger

Compsognathus hatte an jeder Hand zwei kräftige Finger. Der dritte war bis auf einen Knochen verkümmert.

Eine offene Frage

Es ist sehr unwahrscheinlich, daß *Compsognathus* seine kurzen Vorderarme zum Laufen verwendete. Aber mit den beiden Fingern, die er an jeder Hand hatte, konnte er auch nicht gut greifen. Wozu wurden sie benutzt?

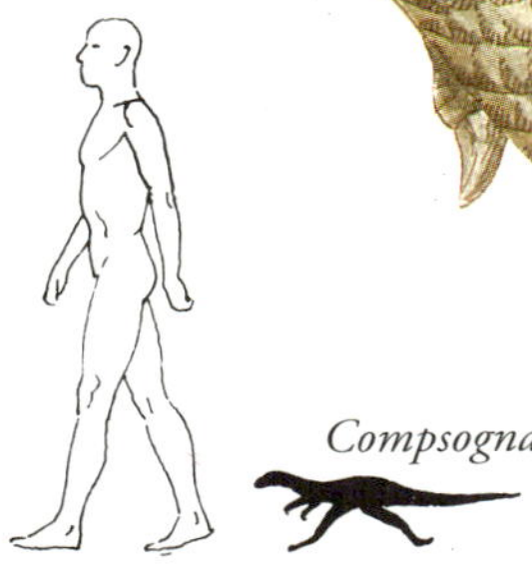

Compsognathus

Ein zierlicher Kopf

Der Schädel von *Compsognathus* war schmal und langgestreckt; er bestand aus dünnen Knochen. Die Nasen-, Augen- und Schläfenöffnungen waren sehr groß. Der Unterkiefer hatte eine auffallend lange und dünne Form.

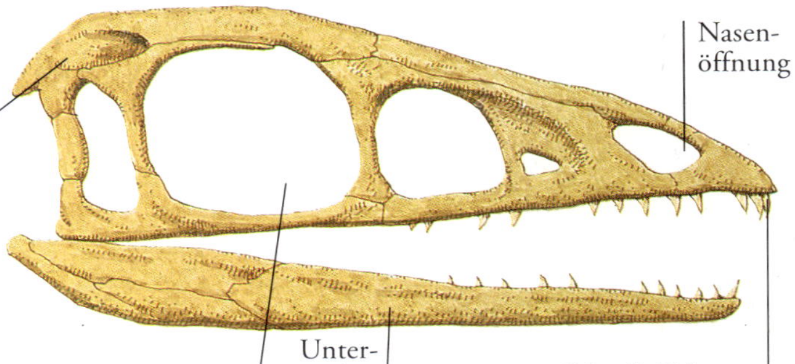

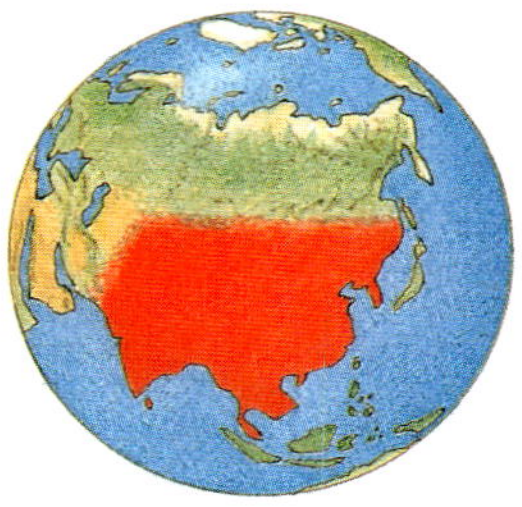

Funde in Asien

Lange glaubte die Bevölkerung in China, daß die Dinosaurier-Knochen von großen Drachen stammten. Man schrieb ihnen geheimnisvolle Kräfte zu und verwendete sie in manchen Gegenden als Heilmittel. Dinosaurier wurden in fast allen chinesischen Provinzen gefunden.

Die Wüste Gobi in der Mongolei hat sich als eine wahre Schatzkammer für Funde von Dinosauriern erwiesen. Bereits die erste nordamerikanische Expedition im Jahre 1922 brachte eine Fülle bis dahin unbekannter Dinosaurier ans Tageslicht. Von *Protoceratops* wurden nicht nur Skelette erwachsener Tiere entdeckt, sondern sogar Nester mit versteinerten Eiern und Jungtieren. Entenschnabel-Dinosaurier wie *Saurolophus* und Raubtier-Dinosaurier wie *Tarbosaurus* gehörten ebenfalls zur Ausbeute. Die Funde zeigen, daß die Wüste Gobi früher eine üppige Pflanzendecke hatte. Die in Indien gefundenen Dinosaurier weisen eine eigene Entwicklung auf. Dieses riesige Land war zur Zeit der Dinosaurier noch eine Insel, die zwischen Afrika und Antarktika lag und sich langsam nach Norden bewegte. Die wichtigsten Fundorte in Asien sind auf der Karte dargestellt.

Der Eier-Räuber

Obwohl *Oviraptor* keinen Zahn in seinem Kiefer hatte, war er für seine Artgenossen eine ständige Gefahr. Mit seinem kurzen, hohen Schnabel, der dem eines Papageien ähnlich war, konnte er die Eier anderer Dinosaurier aufbrechen und auffressen. *Oviraptor*, der »Eier-Räuber«, wurde neben einem Nest von *Protoceratops* in der Mongolei gefunden. Er lebte vor 80 Millionen Jahren.

Ein vorzüglicher Läufer

Gallimimus war in der Körperhaltung einem Strauß ähnlich. Seine langen, schlanken Beine lassen vermuten, daß er ein guter Läufer war. Vielleicht war er mit 50 km/h so schnell wie ein Rennpferd. *Gallimimus* ernährte sich wahrscheinlich von Insekten, anderen Reptilien und deren Eiern.

Tuojiangosaurus

Tuojiangosaurus war der erste Stachel-Dinosaurier, der in China gefunden wurde. Man entdeckte ein fast vollständiges Skelett von diesem Tier. Wie seine Verwandten hatte er zwei Reihen von Knochenplatten auf dem Rücken, die senkrecht vom Körper abstanden. Bei *Tuojiangosaurus* waren es 15 in jeder Reihe. An der Schwanzspitze standen vier lange Stacheln – eine fürchterliche Waffe gegen jeden Angreifer. Der Kopf war im Verhältnis zum riesigen Körper des 7 m langen Tieres sehr klein. *Tuojiangosaurus* lebte vor 150 bis 140 Millionen Jahren, etwa zur gleichen Zeit wie *Stegosaurus* in Nordamerika. Er ernährte sich von Pflanzen, die er vom Boden abweidete.

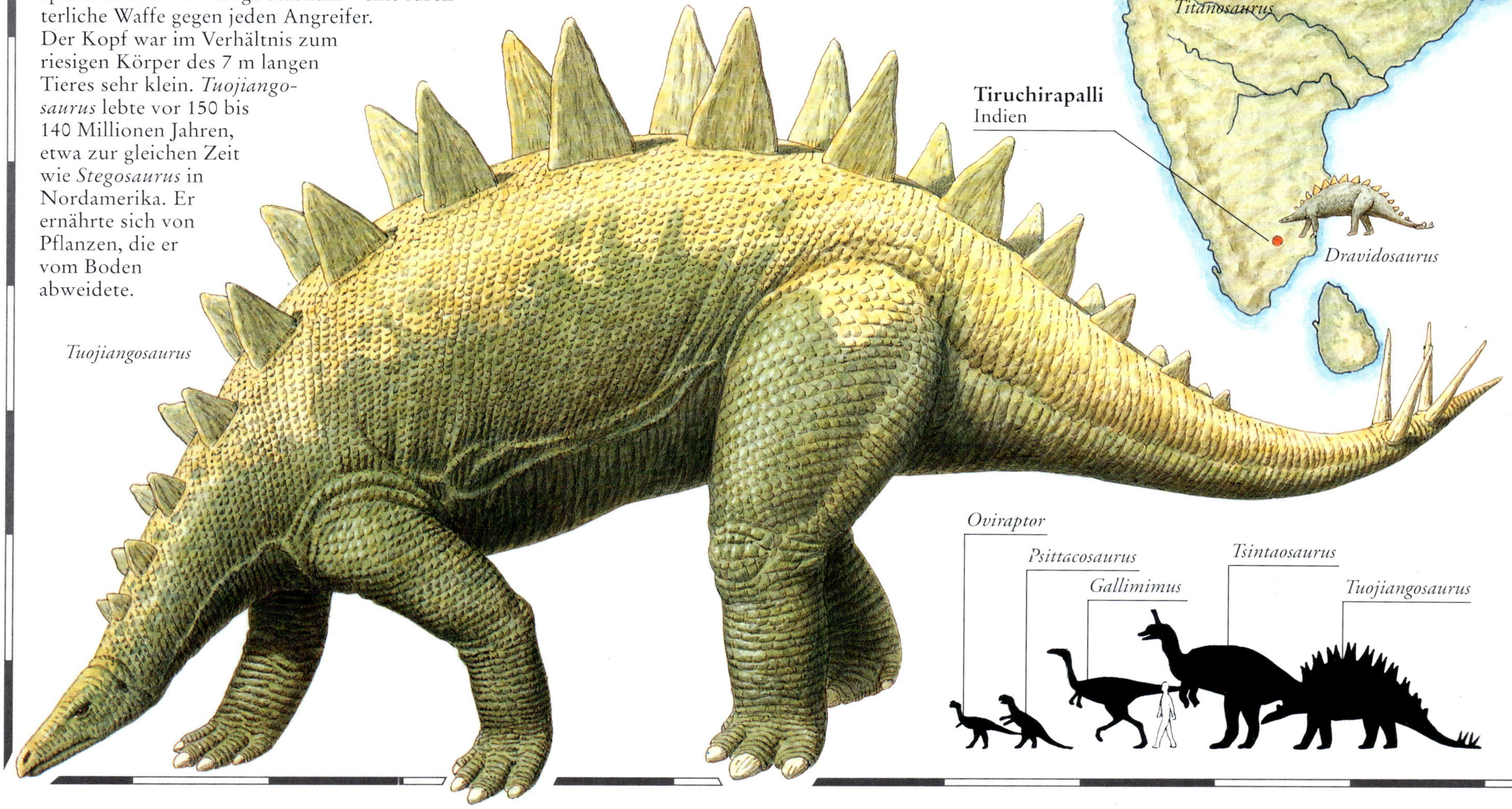

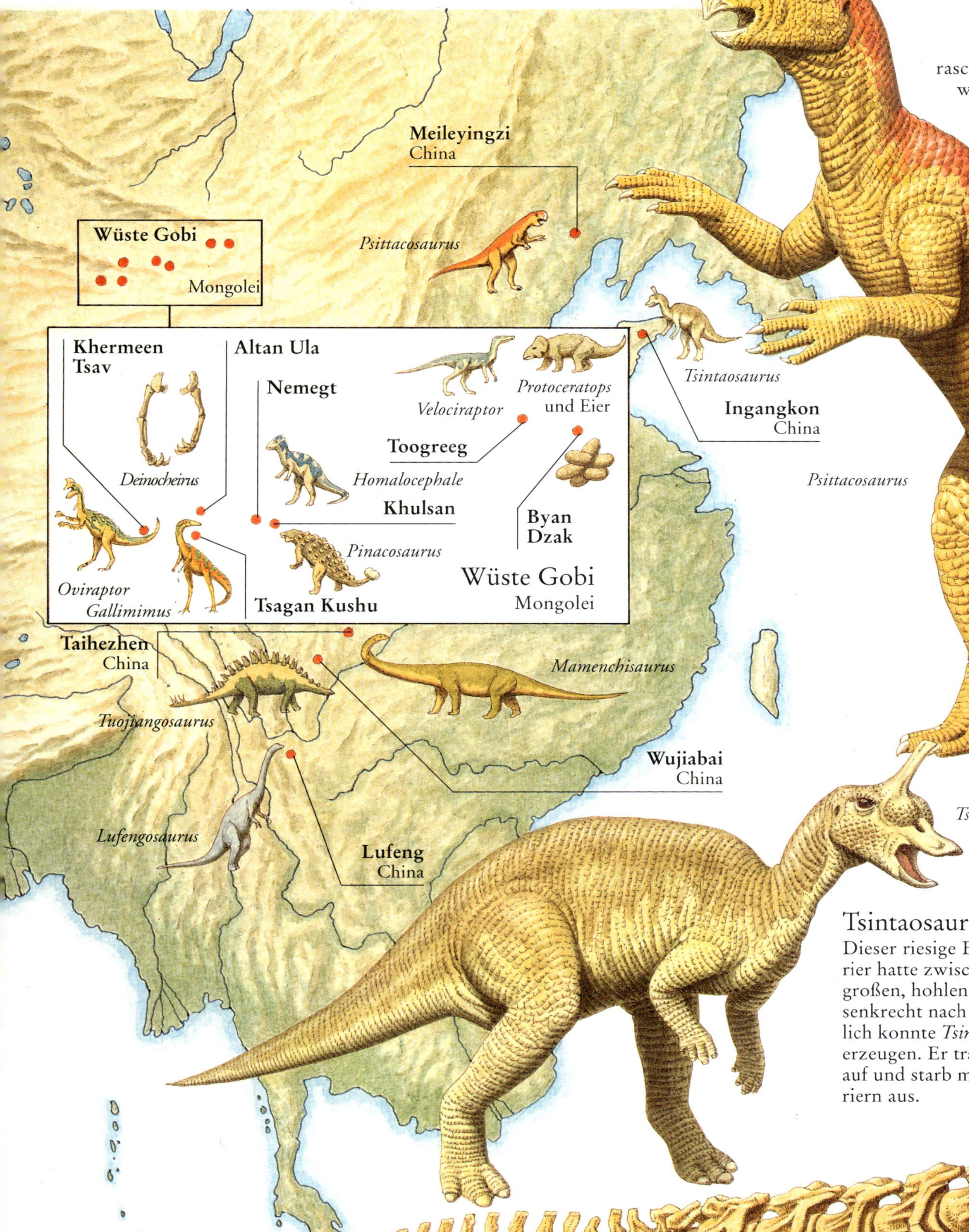

Papageienschnabel

Psittacosaurus, der »Papageien-Dinosaurier«, hat seinen Namen nach der Schnabelform. Überraschenderweise gehört er zu den Horn-Dinosauriern wie *Triceratops*, obwohl er überhaupt keine Hörner hatte. Aber der Knochenkamm auf dem Schädel war bereits vorhanden, und aus diesem entwickelte sich später der große Nackenschild der »echten« Horn-Dinosaurier. Im Unterschied zu seinen nächsten Verwandten lief *Psittacosaurus* auf zwei Beinen und ergriff mit den Vorderarmen Pflanzenteile, von denen er sich ernährte. Er wurde sowohl in der Mongolei als auch in China gefunden.

Tsintaosaurus

Dieser riesige Entenschnabel-Dinosaurier hatte zwischen den Augen einen großen, hohlen Knochenzapfen, der senkrecht nach oben ragte. Wahrscheinlich konnte *Tsintaosaurus* damit Laute erzeugen. Er trat erst in der Kreidezeit auf und starb mit den anderen Dinosauriern aus.

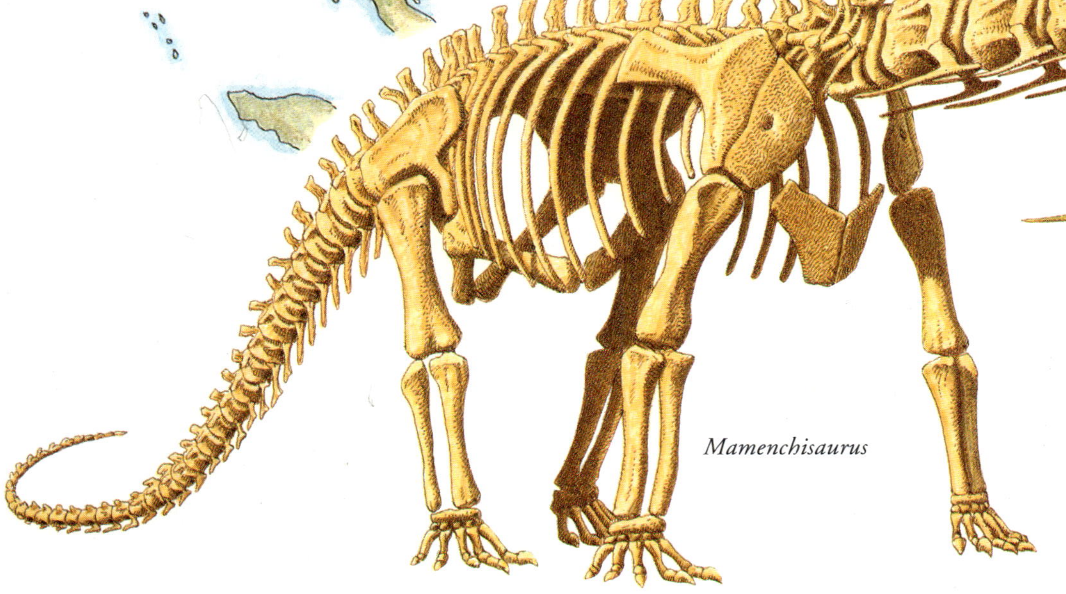

Der längste Hals

Mamenchisaurus gehört zu den Langhalsigen Pflanzenfressern (Sauropoden) und ist keineswegs der größte dieser Gruppe. Als man 1972 in China ein fast vollständig erhaltenes Skelett fand, war die Überraschung groß: *Mamenchisaurus* hatte von allen bekannten Dinosauriern den längsten Hals! Er machte die Hälfte der gesamten Körperlänge aus. Wenn sich das Tier auf den Hinterbeinen aufrichtete, reichte es mit dem Kopf höher als jeder andere Dinosaurier. Es lebte vor etwa 145 Millionen Jahren.

Funde in der Wüste Gobi

Die Wüste Gobi in der Mongolei ist eine trostlose Gegend. Gebirge und Sandflächen wechseln miteinander ab; Wind und Sandstürme sind das tägliche Einerlei. Im Winter sinkt die Temperatur auf -40 °C ab, und im Sommer kann sie +45 °C im Schatten erreichen. Seit den zwanziger Jahren dieses Jahrhunderts werden viele Expeditionen durchgeführt, um hier nach Fossilien von Dinosauriern zu suchen. Und die Erfolge sind aufsehenerregend! Was man zwischen 1963 und 1971 allein im Nemegt-Becken gefunden hat, gibt den Wissenschaftlern noch jahrzehntelang zu tun. Man fand Versteinerungen, die nur zum Teil aus dem Sandstein herausragten, und andere, die soweit frei lagen, daß man nur den Sand von ihnen abblasen mußte. Die Wissenschaftler arbeiten weiter, aber es zeigt sich schon, daß die Funde manche Lücke in den Erkenntnissen über die Entwicklung der Dinosaurier schließen werden.

Noch fehlt der Kopf

Das größte Skelett, das hier bisher entdeckt wurde, gehört zu einem Langhalsigen Pflanzenfresser (Sauropoden): *Opisthocoelicaudia*. Unglücklicherweise fehlen bei diesem Dinosaurier Kopf und Hals. Diese Körperteile waren wahrscheinlich schon verlorengegangen, bevor *Opisthocoelicaudia* zu Stein wurde.

Merkwürdige Schwanzwirbel

Auffallend ist bei diesem Dinosaurier die Verbindung der einzelnen Schwanzwirbel. Sie gab dem Schwanz eine besondere Festigkeit.

Opisthocoelicaudia

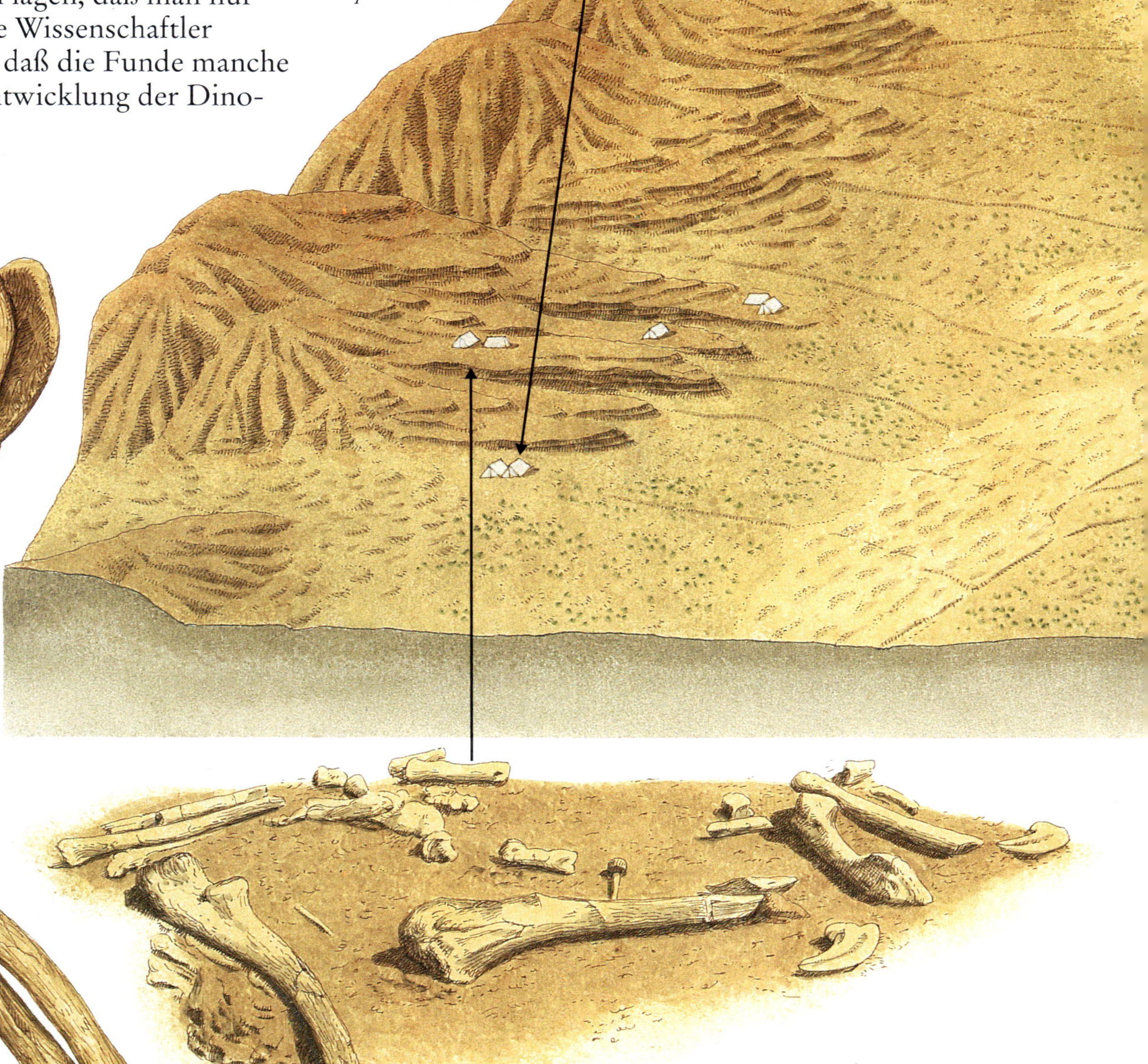

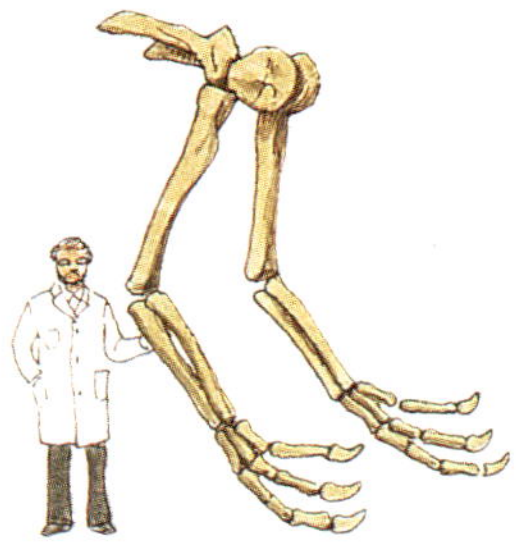

Die Arme von *Deinocheirus* im Vergleich zu einem Menschen

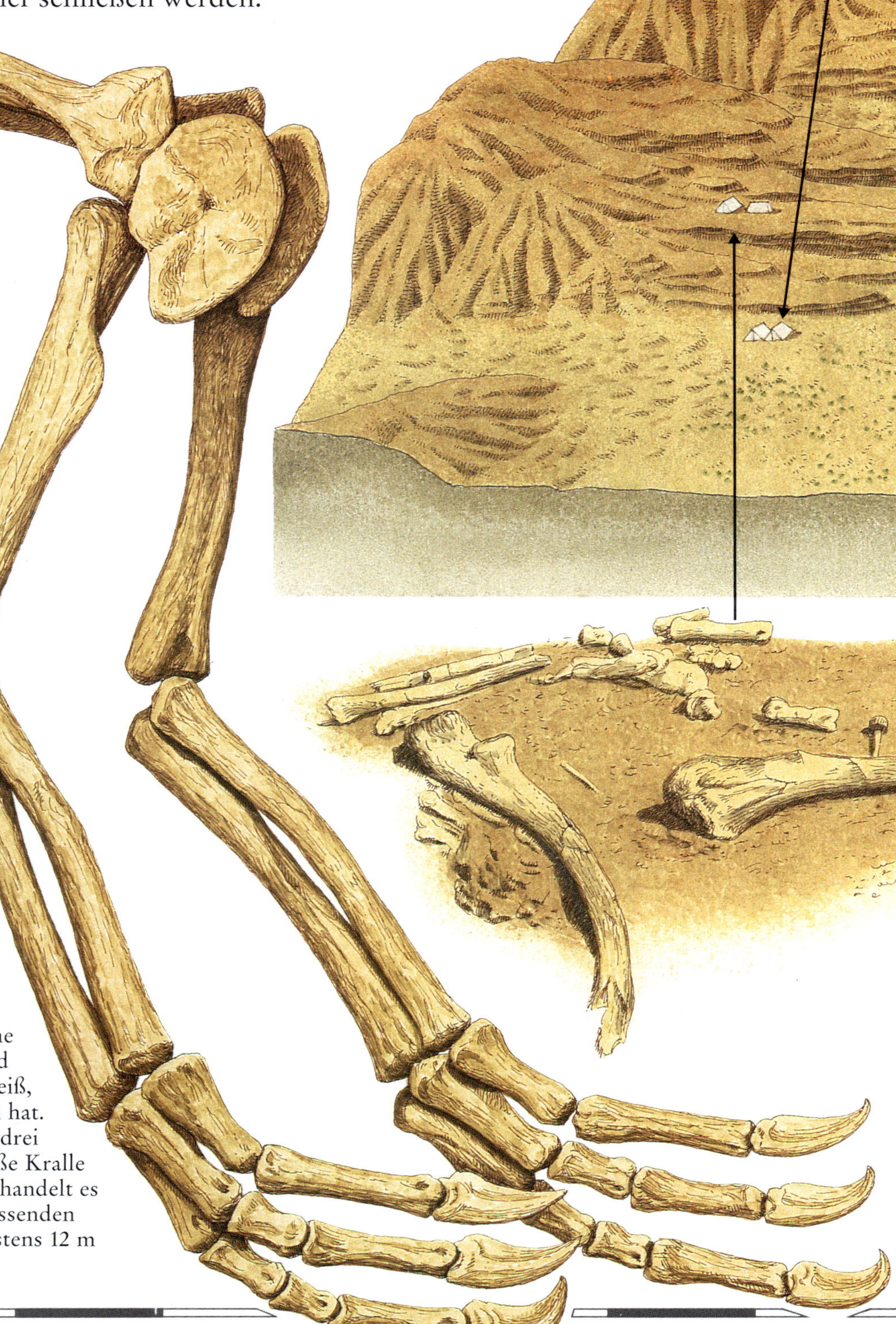

Arme von *Deinocheirus*

Der lange Arm

Von *Deinocheirus* hat man bisher nur die Arme gefunden, und diese sind 2,6 m lang! Niemand weiß, wie das Tier ausgesehen hat. An jeder Hand hatte es drei Finger, die alle eine große Kralle trugen. Wahrscheinlich handelt es sich um einen fleischfressenden Dinosaurier, der mindestens 12 m lang war.

Regen in der Wüste

An dem Tag, an dem *Deinocheirus* gefunden wurde, geschah etwas Besonderes: Es regnete in der Wüste! Auf der Kuppe eines kleinen Hügels ragten einige versteinerte Armknochen aus dem lockeren Sand. Sie waren so riesig, daß alle an der Ausgrabung Beteiligten fieberhaft bemüht waren, das gesamte Skelett zu suchen. Aber trotz aller Mühe war von ihm nichts zu finden.

Tarbosaurus

Eine russische Expedition entdeckte in der Wüste Gobi im Nemegt-Becken nicht weniger als sieben Skelette von *Tarbosaurus*. Auch eine polnisch-mongolische Arbeitsgruppe wurde später fündig. *Tarbosaurus* ähnelte *Tyrannosaurus*, war jedoch im ganzen etwas leichter gebaut. Das größte Skelett hatte eine Länge von 12 m und einen 1,5 m langen Schädel. *Tarbosaurus* lief auf den Hinterbeinen, seine Arme waren sehr kurz.

Ein vollständiges Skelett

Innerhalb weniger Tage wurde das vollständige Skelett eines Jungtieres von *Tarbosaurus* ausgegraben. Seit mehr als 80 Millionen Jahren hatte es hier gelegen.

Für die Ausstellung

Die versteinerten Knochen hatten ihre natürliche Lage behalten, so daß ein Abguß von dem ganzen Tier hergestellt werden konnte.

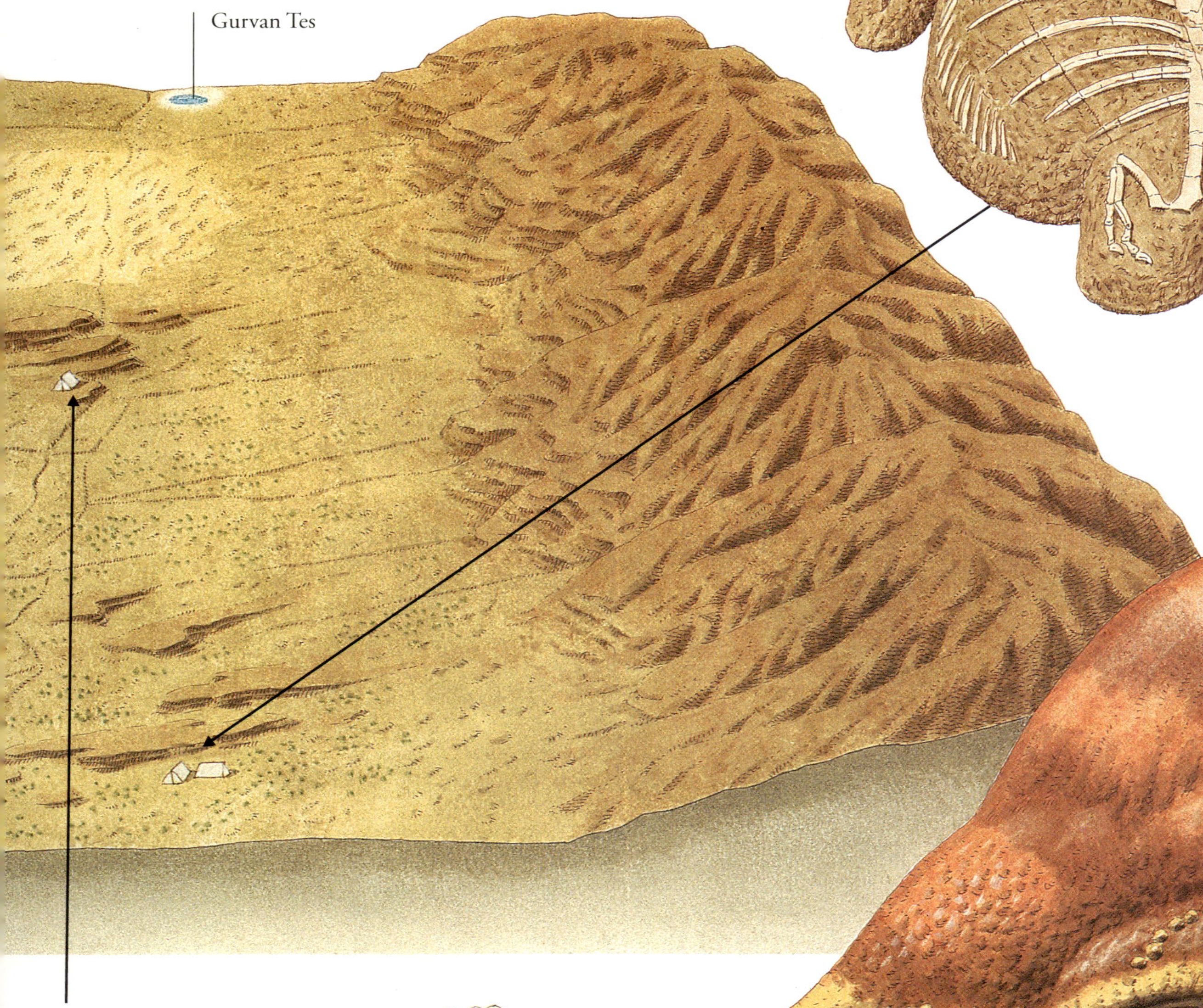

Ein Dickschädel

Die Dickkopf-Echse *Prenocephale* steckte im weichen Sandstein, als sie bei Nemegt entdeckt wurde. Im Inneren des sehr gut erhaltenen Schädels kann man nicht nur die einzelnen Knochen, sondern sogar die Öffnungen für die Adern und Nerven erkennen.

Kopf an Kopf

Man nimmt an, daß die Männchen von *Prenocephale* um die Weibchen kämpften. Sie liefen aufeinander los und stießen mit den Köpfen zusammen, bis der Schwächere aufgab. Das etwa 25 cm dicke Schädeldach schützte hierbei den Kopf vor Verletzungen.

Entenschnabel-Dinosaurier

Die Entenschnabel-Dinosaurier gehören zu den merkwürdigsten Reptilien aller Zeiten. Ihren Namen haben sie aufgrund der langen, abgeflachten Schnauze mit dem zahnlosen Schnabel. Mit ihm konnten sie Pflanzenteile abreißen, die sie mit ihren Backenzähnen zerrieben. Wenn die Zähne abgenutzt waren, wurden sie durch neue ersetzt. Noch merkwürdiger als der Entenschnabel war aber der Knochenhöcker, den *Tsintaosaurus* auf dem Kopf trug, oder der Knochenkamm, den manche Dinosaurier in Nordamerika auf dem Vorderkopf hatten. Bei *Saurolophus* wurde dieser Kamm vom Nasenbein gebildet und war von den Nasengängen durchzogen. Vielleicht konnte die Haut darüber wie ein Ball aufgeblasen werden, und die Tiere konnten damit bellende Laute von sich geben. Viele Entenschnabel-Dinosaurier (Hadrosaurier) lebten in Herden zusammen und verständigten sich untereinander. Der Knochenhöcker von *Tsintaosaurus* hatte vielleicht eine andere Funktion. Er war von weitem sichtbar und kann als optisches Signal für die anderen Tiere der Herde gedient haben.
Die Entenschnabel-Dinosaurier hatten kurze Vorderbeine und lange Hinterbeine. Wahrscheinlich bewegten sie sich normalerweise auf allen vieren. Bei Gefahr richteten sie sich auf und rannten auf den Hinterbeinen davon. Die Entenschnabel-Dinosaurier waren auf der Nordhalbkugel weit verbreitet und kamen auch in Südamerika vor. Ihre Entwicklung begann bereits im Jura, aber erst in der Oberkreide hatten sich die verschiedenen Verwandten dieser Gruppe voll entwickelt.

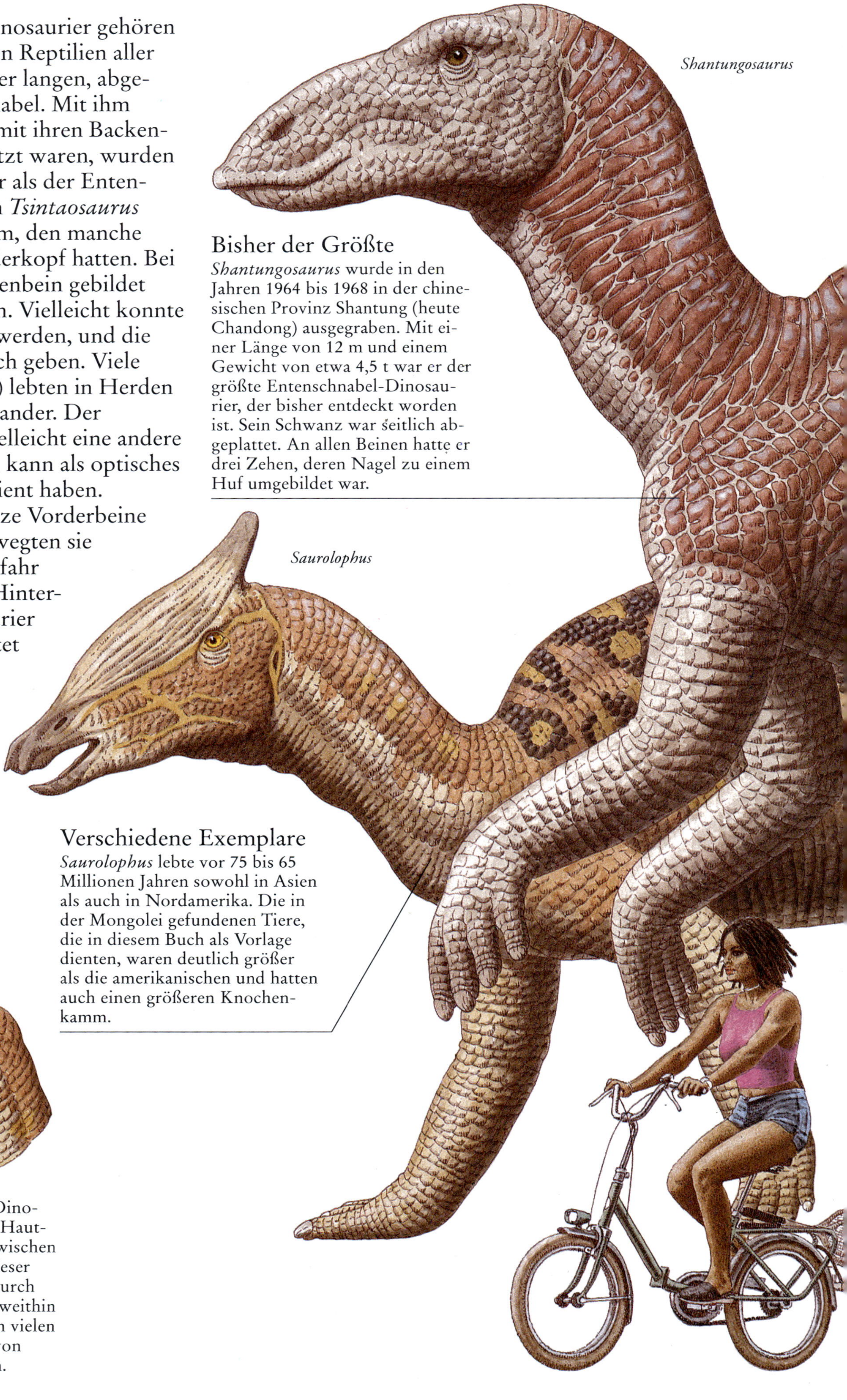

Bisher der Größte

Shantungosaurus wurde in den Jahren 1964 bis 1968 in der chinesischen Provinz Shantung (heute Chandong) ausgegraben. Mit einer Länge von 12 m und einem Gewicht von etwa 4,5 t war er der größte Entenschnabel-Dinosaurier, der bisher entdeckt worden ist. Sein Schwanz war seitlich abgeplattet. An allen Beinen hatte er drei Zehen, deren Nagel zu einem Huf umgebildet war.

Verschiedene Exemplare

Saurolophus lebte vor 75 bis 65 Millionen Jahren sowohl in Asien als auch in Nordamerika. Die in der Mongolei gefundenen Tiere, die in diesem Buch als Vorlage dienten, waren deutlich größer als die amerikanischen und hatten auch einen größeren Knochenkamm.

Schallende Laute

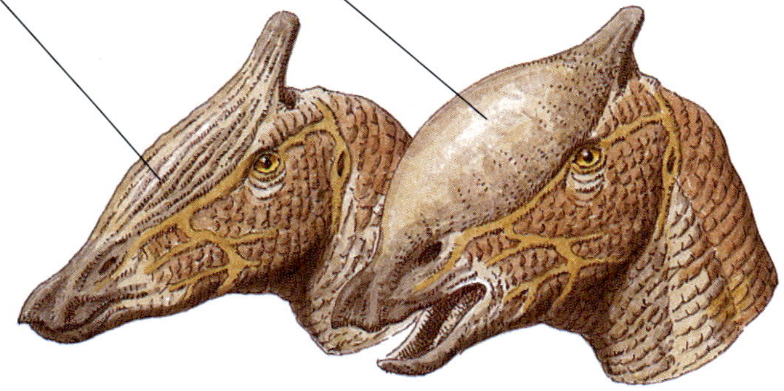

An dem Knochenkamm, den manche Entenschnabel-Dinosaurier auf dem Kopf hatten, war vielleicht ein großer Hautsack angewachsen. Bei *Saurolophus* war der Schädel zwischen Schnabel und Kamm flach und breit. Darauf könnte dieser Hautsack wie ein leerer Ball gelegen haben. Wenn er durch die Nasengänge mit Luft aufgeblasen wurde, konnten weithin schallende Laute entstehen. Dieser Vorgang ist uns von vielen Fröschen bekannt. Die einzelnen Tiere in der Herde von *Saurolophus* konnten sich auf diese Weise verständigen.

Ein-Horn

Tsintaosaurus war das »Ein-Horn« unter den Entenschnabel-Dinosauriern. Der riesige, 14 m lange Dinosaurier wurde in China gefunden und hatte einen hohlen Knochenzapfen auf dem Schädel, an dem seitlich Hautsäcke angewachsen waren.

Das Kau-Werkzeug

Die Entenschnabel-Dinosaurier hatten zahlreiche schmale Backenzähne, die in mehreren Reihen standen und mit denen sie ihre Pflanzennahrung zerkleinerten. Wenn diese Zähne abgenutzt waren, wurden sie durch neue ersetzt. Auf diese Weise hatten die Tiere nacheinander über 1000 Zähne in den Kiefern. Beim Kauen wurde der Unterkiefer gegen den Oberkiefer bewegt, wobei die Zähne aneinander vorbeiglitten.

Raspel-Zähne

Während des Kauens wirkten die Seitenflächen der Zähne wie eine Raspel. Mit ihnen konnten auch zähe Schachtelhalme und Palmfarne zerrieben werden.

Bactrosaurus

Dieser Entenschnabel-Dinosaurier lebte vor etwa 95 Millionen Jahren und war einer der ältesten seiner Verwandtschaft. Versteinerungen dieses Tieres wurden in der Mongolei und in China gefunden. *Bactrosaurus* war nur 4 m lang und hatte einen flachen Kopf, aber keinen Knochenkamm.

Eier, Nester und Jungtiere

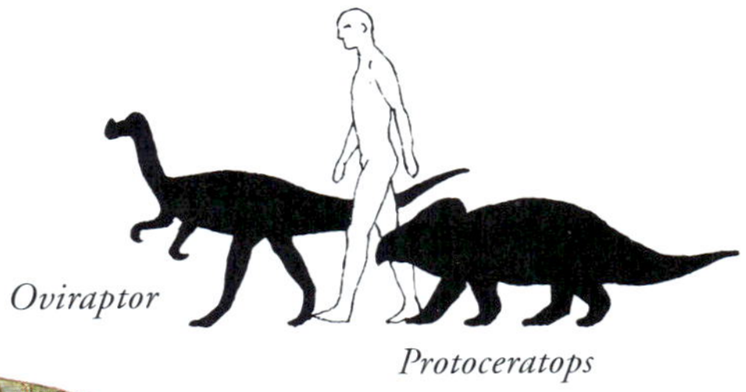

Ein überraschender Fund gelang einer amerikanischen Expedition 1923 in der Mongolei. In der Wüste Gobi entdeckten die Wissenschaftler mehr als 50 versteinerte Eier und viele Skelette von *Protoceratops*. Anhand dieses Fundes konnte festgestellt werden, wie sich die Dinosaurier vermehrten: Sie legten Eier. Außer den Eiern fand man auch frisch geschlüpfte Jungtiere. In einem Nest lagen 18 Eier in einem Halbkreis nebeneinander. Wenn man den Kreis ergänzt, müssen sogar noch mehr Eier in einem einzigen Gelege gewesen sein. Es ist unwahrscheinlich, daß sie alle von einem Weibchen stammen. Wahrscheinlich haben mehrere Weibchen gemeinsam ein Nest gebaut und ihre Eier abgelegt.

Weibchen

An den versteinerten Skeletten konnte man feststellen, daß es sich bei einigen Tieren um Weibchen handelte. Sie hatten im Unterschied zu den Männchen einen kürzeren Nackenschild und einen kleineren Knochenhöcker auf der Nase.

Jungtiere von Protoceratops

Die gerade aus dem Ei geschlüpften Jungtiere waren nur 20 bis 30 cm lang. Sie hatten noch keinen Nackenschild. Dieser entwickelte sich erst beim heranwachsenden Tier und erreichte seine endgültige Länge bei den bis zu 2 m langen, ausgewachsenen Dinosauriern.

Dinosaurier-Eier

Versteinerte Dinosaurier-Eier wurden in vielen Teilen der Welt gefunden. Die größten waren etwa 30 cm groß; die Eier von *Protoceratops* maßen bis zu 20 cm. Im Gegensatz zu Vogeleiern waren die Eier der Dinosaurier langgestreckt und hatten eine rauhe, runzelige Schale. Sie wies zahlreiche Poren auf und war luftdurchlässig. So erhielt der Embryo Luft zum Atmen. Meist waren die Eier im Kreis angeordnet: Die Weibchen drehten sich bei der Eiablage im Nest.

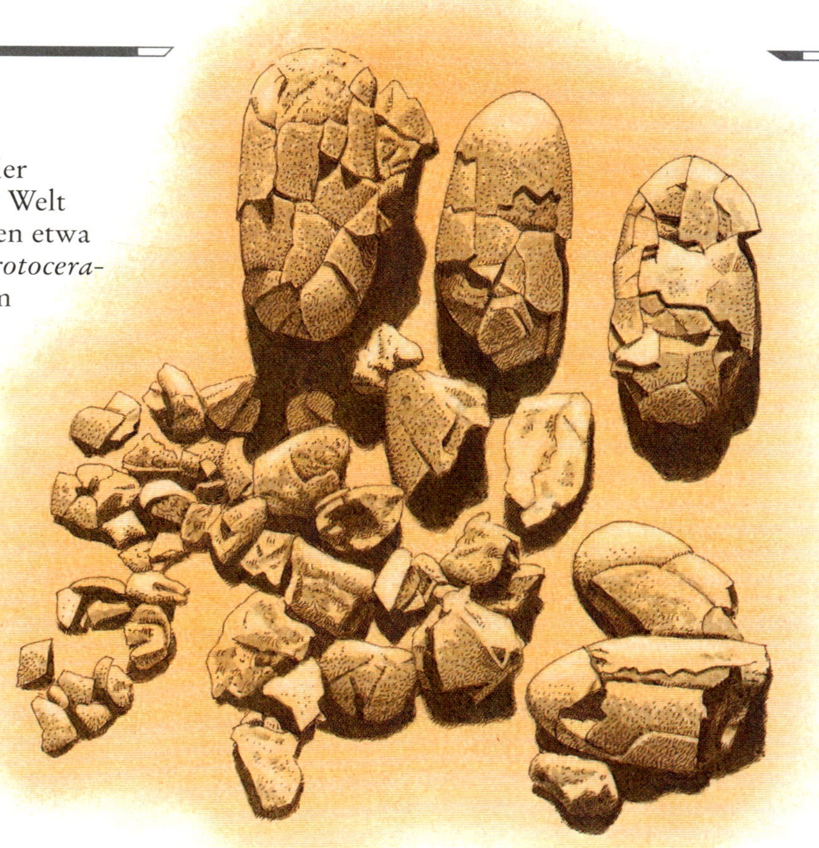

Krokodil-Eier

Die Krokodile sind die mächtigsten Tiere unter den heute lebenden Reptilien. Die Weibchen bauen ein Nest aus Schlamm oder Pflanzenteilen, legen darin ihre Eier ab und decken das Gelege zu. Die Sonnenstrahlen besorgen das Brutgeschäft. Die Weibchen bleiben in der Nähe des Nestes und verteidigen es. Wenn die Jungtiere aus dem Ei geschlüpft sind, stoßen sie piepsende Laute aus. Das Muttertier gräbt sie aus und führt sie zum nahegelegenen Gewässer.

Der Eier-Dieb

Direkt neben einem Nest von *Protoceratops* wurden Versteinerungen von *Oviraptor* gefunden. Dieser Name bedeutet »Eier-Räuber«. Man nimmt an, daß *Oviraptor* sich von Dinosaurier-Eiern ernährte, die er mit seinem papageienähnlichen Hornschnabel öffnete.

Selbstversorger

Wahrscheinlich haben die Weibchen von *Protoceratops* das Nest verlassen, nachdem sie ihre Eier abgelegt hatten. Nach dem Schlüpfen mußten sich die Jungtiere selbst versorgen. Bei anderen Dinosauriern wurden die Jungen noch eine Zeitlang vom Muttertier behütet.

Eierschalen

Innerhalb der Eierschale waren die Embryonen gut geschützt. Die harte Schale bewahrte sie auch vor dem Austrocknen. Nur so war es möglich, daß die Dinosaurier ihre Eier auf dem Lande ablegen konnten. Die Eier der Lurche mußten dagegen ins Wasser gelegt werden.

Stachel-Dinosaurier

Die Stachel-Dinosaurier (Stegosaurier) traten vor etwa 170 Millionen Jahren auf, aber viele Gattungen waren am Ende der Jurazeit bereits wieder ausgestorben. Eine Ausnahme macht *Dravidosaurus*, der in Indien gefunden wurde und in der Kreidezeit lebte.

Drei Stachel-Dinosaurier werden gezeigt: *Tuojiangosaurus, Stegosaurus* und *Kentrosaurus*. Alle lebten vor 150 bis 140 Millionen Jahren. *Stegosaurus* war der erste Stachel-Dinosaurier, der überhaupt entdeckt wurde. Nach den Funden im Jahre 1877 in Colorado (USA) folgten andere in Europa, Afrika und China. In Colorado wurden vollständige Skelette entdeckt, neben denen große Knochenplatten lagen. Zuerst nahmen die Wissenschaftler an, daß sie eine Art Panzer bildeten. Heute ist man der Ansicht, daß die Knochenplatten senkrecht auf dem Rücken standen. Sie dienten weniger der Verteidigung als der Regulierung der Körpertemperatur.

Knochenplatten

Die Stachel-Dinosaurier trugen eine doppelte Reihe von breiten, dreieckigen Knochenplatten auf dem Rücken. Diese waren in der Haut verankert, begannen kurz hinter dem Kopf und reichten bis zur Mitte des Schwanzes. Das Knochengewebe war von vielen Poren durchzogen. Vielleicht sammelte sich das Blut in diesen Poren und wurde von der Sonne erwärmt oder im Schatten gekühlt.

Wechselnde Körpertemperatur

Die Reptilien gehören zu den wechselwarmen Tieren; das heißt, ihre Körpertemperatur hängt von der Temperatur ihrer Umgebung ab. Morgens ist die Körpertemperatur gesunken, und die Tiere müssen sich erst in der Sonne erwärmen, bis sie beweglich werden. Die Knochenplatten von *Tuojiangosaurus* wirkten dabei wie Sonnenkollektoren. In ihnen erwärmte sich das Blut sehr schnell, wenn die Tiere sich in die Sonne stellten.

Zwei Reihen

Die Anordnung der Knochenplatten in zwei Reihen war für diesen Zweck besonders günstig. Die Platten standen entweder nebeneinander oder im Zickzack.

Tuojiangosaurus

Selbstverteidigung

Am Ende des Schwanzes hatten die Stachel-Dinosaurier mehrere Paare langer Stacheln. Sie waren eine fürchterliche Waffe, wenn die Tiere mit dem Schwanz schlugen.

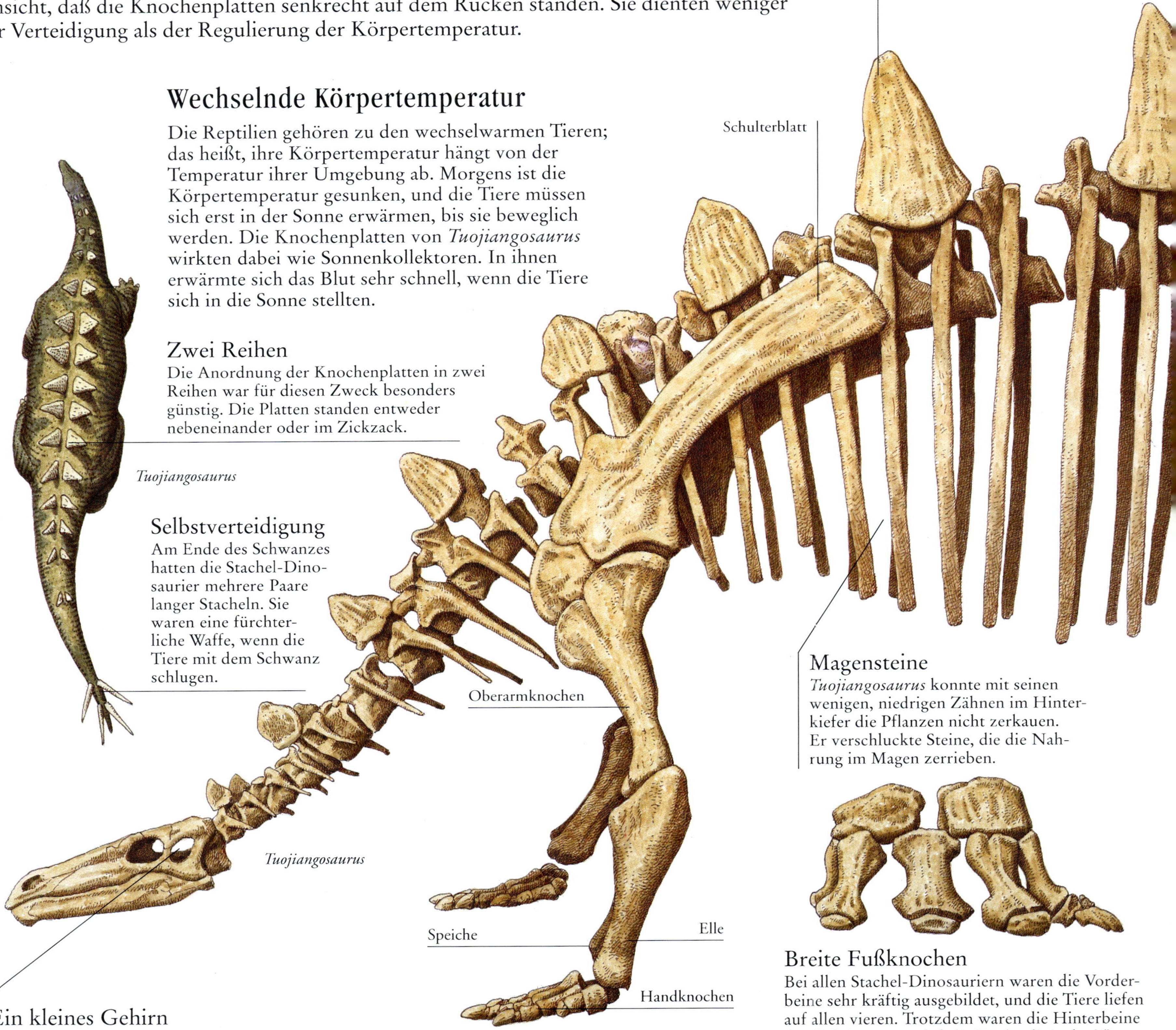

Tuojiangosaurus

Magensteine

Tuojiangosaurus konnte mit seinen wenigen, niedrigen Zähnen im Hinterkiefer die Pflanzen nicht zerkauen. Er verschluckte Steine, die die Nahrung im Magen zerrieben.

Ein kleines Gehirn

Tuojiangosaurus hatte einen kleinen Kopf und ein noch kleineres Gehirn. Bei *Stegosaurus*, der im Verhältnis zur Körpergröße den kleinsten Kopf hatte, war das Gehirn so groß wie eine Walnuß. Trotzdem konnte diese Tiergruppe Jahrmillionen überleben!

Breite Fußknochen

Bei allen Stachel-Dinosauriern waren die Vorderbeine sehr kräftig ausgebildet, und die Tiere liefen auf allen vieren. Trotzdem waren die Hinterbeine deutlich länger, so daß die Rückenlinie der Tiere nach vorn abfiel. Bei den Vorderbeinen waren die Knochen dick und breit. Die fünf kurzen Fingerknochen waren weit gespreizt, so daß sie eine große Fläche bedeckten.

Stacheln und Platten

Stegosaurus war vom Kopf bis zur Schwanzspitze 9 m lang und 2 t schwer. Er ist zuerst in Nordamerika entdeckt worden. *Stegosaurus* ist so berühmt, daß er zum Nationalfossil des Staates Colorado gewählt wurde. Seine Knochenplatten waren bis zu 60 cm lang und damit viel größer als die von *Tuojiangosaurus*. Auf dem Schwanz standen 1 m lange Stacheln. Ein Angreifer, der in die Nähe dieser Waffe kam, mußte sich sehr vorsehen!

Stegosaurus

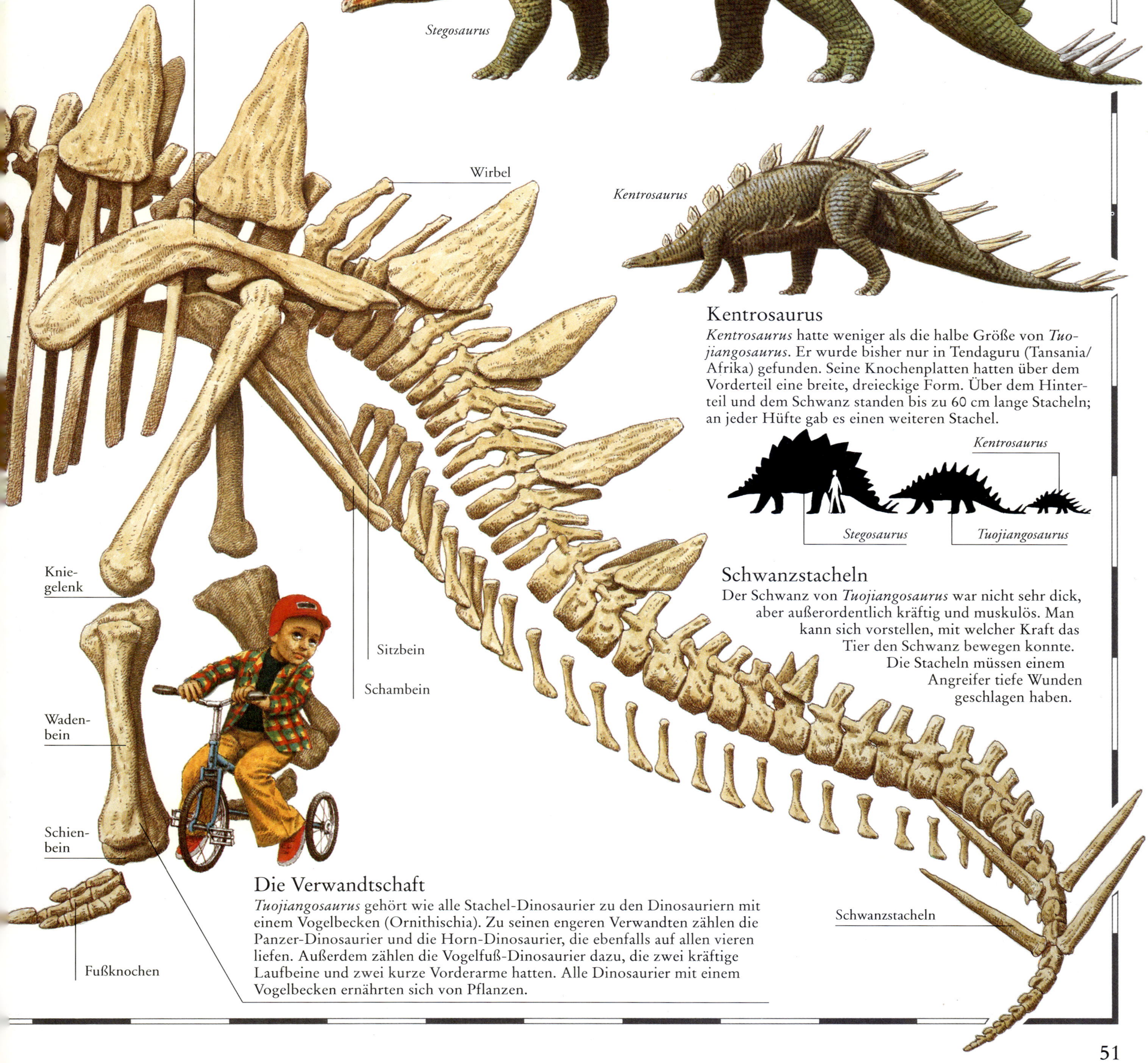

Kentrosaurus

Kentrosaurus hatte weniger als die halbe Größe von *Tuojiangosaurus*. Er wurde bisher nur in Tendaguru (Tansania/ Afrika) gefunden. Seine Knochenplatten hatten über dem Vorderteil eine breite, dreieckige Form. Über dem Hinterteil und dem Schwanz standen bis zu 60 cm lange Stacheln; an jeder Hüfte gab es einen weiteren Stachel.

Schwanzstacheln

Der Schwanz von *Tuojiangosaurus* war nicht sehr dick, aber außerordentlich kräftig und muskulös. Man kann sich vorstellen, mit welcher Kraft das Tier den Schwanz bewegen konnte. Die Stacheln müssen einem Angreifer tiefe Wunden geschlagen haben.

Die Verwandtschaft

Tuojiangosaurus gehört wie alle Stachel-Dinosaurier zu den Dinosauriern mit einem Vogelbecken (Ornithischia). Zu seinen engeren Verwandten zählen die Panzer-Dinosaurier und die Horn-Dinosaurier, die ebenfalls auf allen vieren liefen. Außerdem zählen die Vogelfuß-Dinosaurier dazu, die zwei kräftige Laufbeine und zwei kurze Vorderarme hatten. Alle Dinosaurier mit einem Vogelbecken ernährten sich von Pflanzen.

Funde in Australien

Australien bildet einen eigenen Kontinent und ist etwa so groß wie die USA. Dennoch fand man in diesem riesigen Land bisher nur wenige Dinosaurier. In der unten abgebildeten Karte sind die bedeutendsten Fundorte eingetragen. Die ältesten Dinosaurier lebten in Australien, als diese Landmasse noch mit anderen Kontinenten in Verbindung stand. Eine Einwanderung von Dinosauriern war nicht mehr möglich, als Australien vom Meer umgeben war. Von den Langhalsigen Pflanzenfressern (Sauropoden) lebte *Rhoetosaurus* in Australien. Der Raubtier-Dinosaurier *Allosaurus* durchstreifte das Gebiet, das heute Victoria genannt wird. Es gab auch Panzer-Dinosaurier wie *Minmi* und Vogelfuß-Dinosaurier wie *Leaellynosaura*.

Fußspuren

In der Nähe von Winton (Queensland) hinterließ eine Herde von etwa 130 Dinosauriern mehr als 3300 versteinerte Fußabdrücke. Anscheinend gab es doch mehr Dinosaurier, als man vermutet.

Eine neue Entdeckung

1989 wurde ein neu entdeckter Dinosaurier unter dem Namen *Leaellynosaura* beschrieben. Der etwa 2 m lange, großäugige Pflanzenfresser lebte vor 105 Millionen Jahren.

Rhoetosaurus

Leaellynosaura

Unterkiefer von *Atlascopcosaurus*

Ein urtümlicher Sauropode

Vor etwa 170 Millionen Jahren lebte einer der ältesten Sauropoden in Australien. Von *Rhoetosaurus* wurde 1924 in Queensland der Schwanz und 1926 der Beckengürtel entdeckt. Daraus läßt sich schließen, daß das Tier zwischen 12 und 17 m lang gewesen sein muß.

Atlascopcosaurus

Der Hersteller der Geräte, mit denen dieser Dinosaurier ausgegraben wurde, hat sich bestimmt nicht träumen lassen, daß das Tier nach ihm benannt werden würde. Bisher wurde nur ein Teil des Unterkiefers entdeckt. *Atlascopcosaurus* lebte vor etwa 105 Millionen Jahren und war ein Pflanzenfresser.

Minmi

Knochenpanzer

1964 wurde der erste Panzer-Dinosaurier Australiens gefunden und nach dem Fundort *Minmi* benannt. Obwohl nur Teile des Skelettes entdeckt wurden, läßt sich feststellen, daß *Minmi* etwa 2 m lang und durch Knochenplatten geschützt war. Seine Wirbelsäule war durch verknöcherte Sehnen verstärkt.

Der Nasenhöcker

Das vollständigste Skelett eines australischen Dinosauriers wurde unter dem Namen *Muttaburrasaurus* beschrieben. Das Tier gehörte zum Verwandtschaftskreis von *Iguanodon* und war etwa 7 m lang. Auf der Schnauze hatte es einen Knochenhöcker, der vielleicht bei der Paarung eine Rolle spielte.

Muttaburrasaurus

Muttaburrasaurus

Nur ein Knochen

Bisher wurde in Neuseeland nur ein einziger Dinosaurierknochen gefunden. Das muß nicht heißen, daß es hier nur wenige Dinosaurier gab. Vielleicht wurden sie bisher lediglich nicht entdeckt.

Ein Schwanzwirbel

Dieser Schwanzwirbel reicht für die Feststellung aus, daß es sich bei diesem Fund aus Mangahouanga wahrscheinlich um einen Fleischfressenden Dinosaurier (Theropoden) handelt.

Funde in Antarktika

Antarktika ist der letzte Kontinent, auf dem Versteinerungen von Dinosauriern gefunden wurden. Fossile Pflanzen waren dagegen schon 1911 entdeckt worden, und zwar auf der letzten Südpolar-Expedition von Kapitän Scott. Inzwischen wurden außer Dinosauriern auch Reste von anderen Reptilien gefunden. Die Ausgrabungen sind besonders schwierig und gefährlich. Es gibt nur wenige Stellen, an denen das Gestein frei von Eis ist. Bisher wurden zwei Dinosaurier geborgen, aber weitere sind bestimmt noch unter dem Eis verborgen.

Unbenannter Panzer-Dinosaurier

Noch namenlos

1988 fanden Wissenschaftler im Gebiet der James Ross Insel einen Panzer-Dinosaurier. Bisher hat er noch keinen Namen erhalten, aber es ist sicher, daß er zu dieser Gruppe der Dinosaurier gehört.

Skelett eines mit *Hypsilophodon* verwandten Tieres

In Bearbeitung

Einen zweiten Dinosaurier fand man 1989 im gleichen Gebiet. Die versteinerten Knochen wurden nach London gebracht, wo sie im Naturhistorischen Museum bearbeitet werden. Es handelt sich um ein Tier aus der Verwandtschaft von *Hypsilophodon*.

Australien und Antarktika

Es ist nicht überraschend, daß die beiden in Antarktika entdeckten Dinosaurier mit den in Australien gefundenen verwandt sind. Beide Landmassen waren lange Zeit verbunden und haben sich erst vor etwa 40 Millionen Jahren getrennt.

Funde in Afrika

Dieser Kontinent hat sich als eine Schatzkammer der Dinosaurier erwiesen. Bereits in den Gesteinen der Trias, die vor mehr als 220 Millionen Jahren entstanden, wurden in Südafrika Reste von zwei pflanzenfressenden Dinosauriern gefunden: *Massospondylus* und *Anchisaurus*. In Nordafrika – im Gebiet der heutigen Sahara – entdeckte man den Raubtier-Dinosaurier *Spinosaurus*. In Nord- und Südostafrika wurden Skelette weiterer pflanzenfressender Dinosaurier ausgegraben, z. B. von *Cetiosaurus* und *Camarasaurus*. Von *Brachiosaurus* ist sogar ein vollständiges Skelett gefunden worden, das im Paläontologischen Institut der Humboldt-Universität in Berlin ausgestellt ist. Die Karte zeigt die bedeutendsten Fundorte.

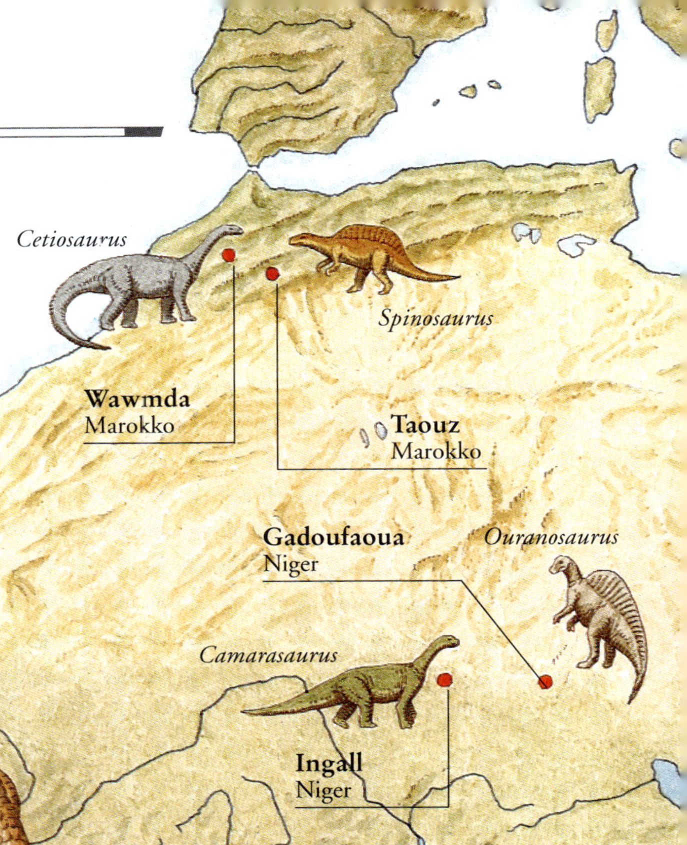

Spinosaurus

Rückensegel

Spinosaurus war mit einer Länge von 12 m einer der größten Raubtier-Dinosaurier. Sein Gewicht muß etwa 6 t betragen haben. Auf dem Rücken hatte er ein großes Hautsegel, das von der Verlängerung der Rückenwirbel gestützt wurde. Dieses Segel diente wahrscheinlich zur Regulierung der Körpertemperatur. Morgens stellte sich das Tier in die Sonne, um sich zu erwärmen, mittags in den Schatten, um sich abzukühlen. *Spinosaurus* lebte vor etwa 100 Millionen Jahren in Nordafrika.

Spinosaurus

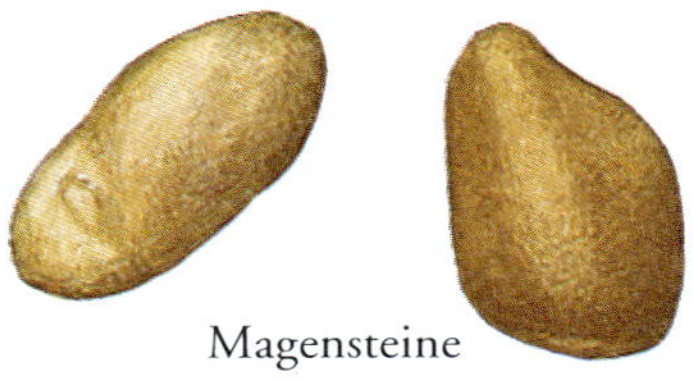

Magensteine

Anchisaurus

Harte Nahrung

Für die pflanzenfressenden Dinosaurier war es nicht leicht, die harten Teile der Schachtelhalme, Palmfarne und Nadelhölzer zu zerkauen. Der etwa 4 m lange *Massospondylus* verschluckte deshalb kantige Steine, die die Nahrung im Magen zerrieben. Wenn die Kanten abgeschliffen waren, wurden die Steine durch andere ersetzt.

Anchisaurus

Dieser Frühe Pflanzenfresser (Prosauropode) war nur etwa 2,5 m lang. Er lebte vor ungefähr 200 Millionen Jahren. *Anchisaurus* wurde zuerst in Nordamerika, dann auch in Afrika gefunden. Beide Kontinente waren zu dieser Zeit miteinander verbunden.

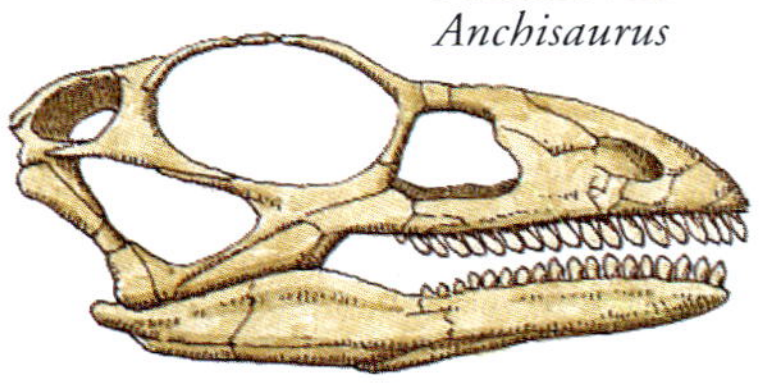

Schädel von *Anchisaurus*

Massospondylus

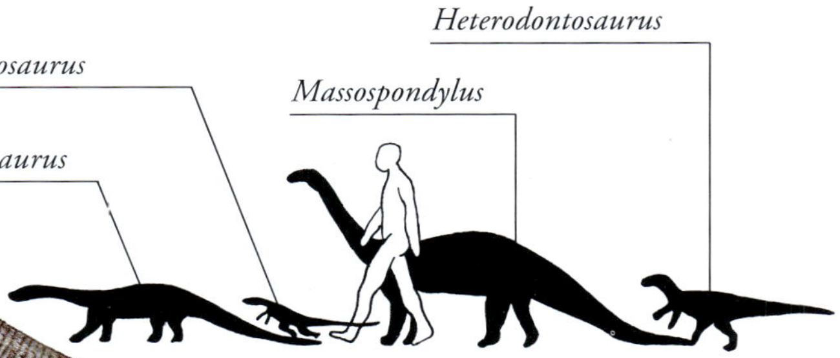

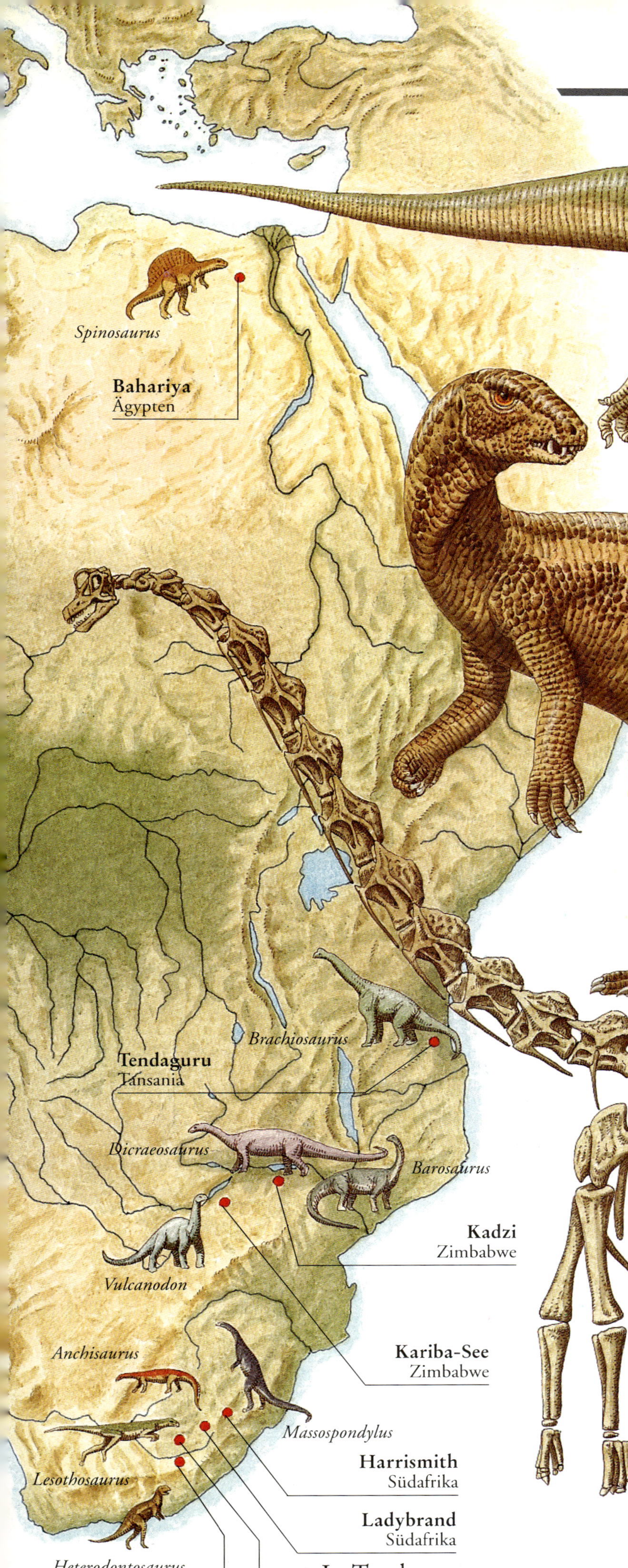

Lesothosaurus

Ein Wüstentier

Mit 1 m Länge gehört *Lesothosaurus* zu den kleinsten Vogelbecken-Dinosauriern. Er konnte mit seinen kräftigen Laufbeinen eine erhebliche Geschwindigkeit erreichen. Dabei hielt der lange, schlanke Schwanz das Tier im Gleichgewicht. Vor 200 Millionen Jahren, als *Lesothosaurus* lebte, war Südafrika eine Wüste. Vielleicht schliefen die Tiere größtenteils in der heißesten Zeit.

Verschiedene Zähne

Heterodontosaurus, die »Echse mit den verschiedenen Zähnen«, gehört zu den urtümlichen Vogelfuß-Dinosauriern (Ornithopoden). *Heterodontosaurus* hatte nur eine Länge von 1,2 m und war ein Leichtgewicht. Auffallend ist, daß er drei verschiedene Zahnformen hatte: Schneidezähne, Eckzähne und Backenzähne.

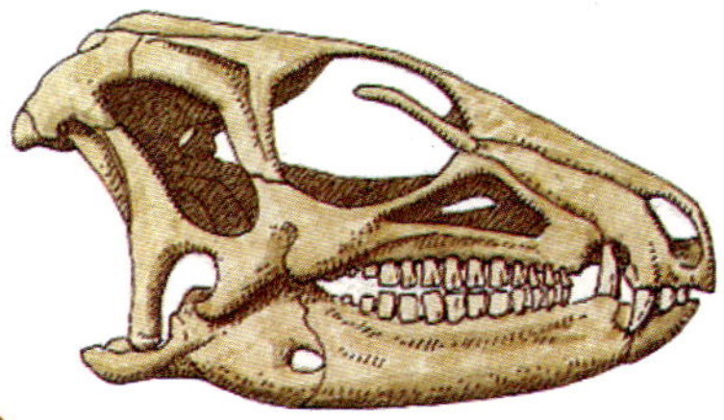

Schädel von *Heterodontosaurus*

Heterodontosaurus

Wie eine Giraffe

Unter den Langhalsigen Pflanzenfressern gehört *Brachiosaurus* zu den größten. Er war 22,5 m lang, 80 t schwer und reichte mit seinem Kopf 12 m hoch. Anfangs glaubten die Wissenschaftler, daß sich ein so schwerer Körper nicht auf dem Festland bewegen könnte.

Sie nahmen an, daß *Brachiosaurus* im Wasser lebte und nur mit der Nasenöffnung über die Oberfläche ragte. Heute ist man der Ansicht, daß er sich von Sproßspitzen aus den Baumkronen ernährte.

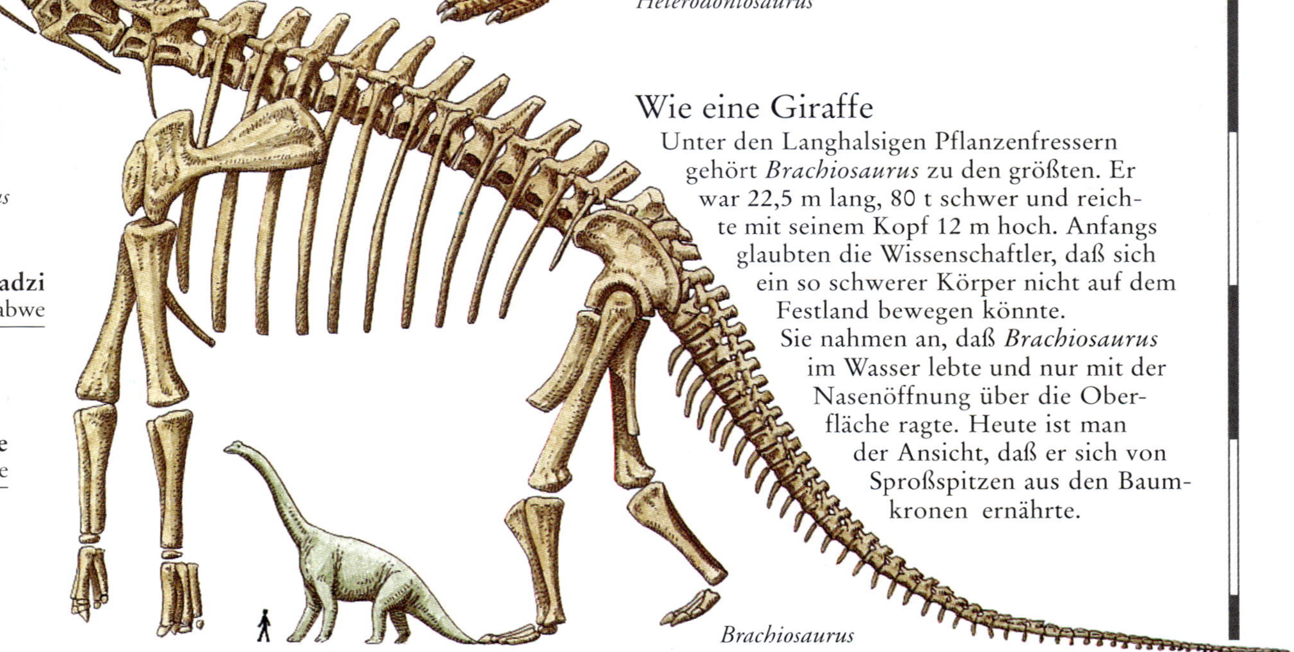

Brachiosaurus

Brachiosaurus

In Tendaguru

Eine der größten Ausgrabungen wurde zwischen 1909 und 1912 von einer Expedition der Humboldt-Universität in Berlin durchgeführt. Bei Tendaguru in Tansania (Ostafrika) fand man nicht nur *Brachiosaurus*, sondern auch andere Sauropoden wie *Barosaurus*, *Dicraeosaurus* und den Stachel-Dinosaurier *Kentrosaurus*. Manchmal brauchte man 160 Stunden, um ein einziges Schulterblatt zu bergen. Mehr als 5000 Lasten wurden zum nächsten Hafen transportiert und nach Deutschland verschifft.

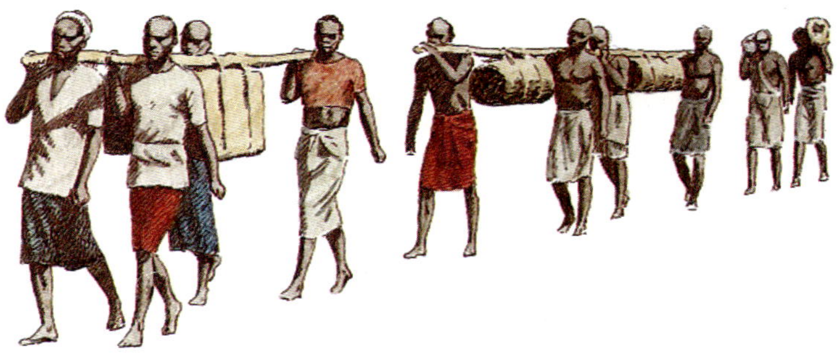

Meeresreptilien

So wie die Dinosaurier viele Millionen Jahre lang die Vorherrschaft auf dem Festland innehatten, gab es andere Reptilien, die das Meer beherrschten. Die Fischsaurier, Paddelechsen und Meeresschildkröten waren in zahlreichen Formen vertreten. Manche von ihnen erreichten eine riesige Größe, wenn sie auch nicht mit dem heute lebenden Blauwal zu vergleichen sind. Wie die Dinosaurier auf dem Festland und die Flugsaurier in der Luft atmeten auch die Meeresreptilien mit Lungen. Sie mußten deshalb regelmäßig an die Meeresoberfläche kommen, um ihre Lungen mit Luft zu füllen. Dann tauchten sie wieder unter und jagten Fische und andere Meeresbewohner.

Wie fast alle Reptilien legten die Paddelechsen und die Meeresschildkröten ihre Eier auf dem Festland ab. Schwerfällig krochen sie an das Ufer, schaufelten mit ihren paddelförmigen Füßen ein Loch in den warmen Sand und legten die Eier darin ab. Die geschlüpften Jungtiere suchten sofort ihren Weg ins Meer. Die Fischsaurier brachten dagegen ihre Jungen lebend zur Welt. Man hat Fossilien gefunden, bei denen die Knochen eines ungeborenen Jungtieres in der Körperhöhle eines Weibchens lagen. Die Paddelechsen starben mit den Dinosauriern zusammen aus, während die Fischsaurier schon vorher verschwunden waren. Nur die Schildkröten haben bis auf den heutigen Tag überlebt. Einige Schildkröten-Arten leben heute im Meer, die meisten sind aber Landbewohner.

Ichthyosaurus

Fischsaurier

Mit seinem stromlinienförmigen Körper war *Ichthyosaurus* ein hervorragender Schwimmer. Der Körper wurde durch seitliche Schläge der Schwanzflosse angetrieben. Die zu Paddeln umgebildeten Gliedmaßen und die Rückenflosse hielten den Körper in der richtigen Lage. Die Fischsaurier traten vor 220 Millionen Jahren auf und sind somit älter als die Dinosaurier.

Elasmosaurus

Plesiosaurier

Die Plesiosaurier und die Pliosaurier waren eng miteinander verwandt und gehören beide zu den Paddelechsen. Die Plesiosaurier hatten einen auffallend langen Hals. *Elasmosaurus* hatte eine Gesamtlänge von 14 m, und der Hals nahm allein 8 m ein.

Elasmosaurus

Der lange Hals und der kleine Kopf von *Elasmosaurus* erinnern lebhaft an die Beschreibung von Nessie, dem sagenhaften Monster von Loch Ness in Schottland.

Archelon

Schildkröten

Schildkröten gab es bereits vor 210 Millionen Jahren, aber die riesige Meeresschildkröte *Archelon* lebte erst in der Kreidezeit. Sie war 4 m lang und ernährte sich hauptsächlich von Quallen, die mit dem Hornschnabel zerrissen wurden.

Peloneustes

Dieses Tier war nur 3 m lang und gehört zu den kleineren, kurzhalsigen Pliosauriern. Reste von ihm wurden in Westeuropa gefunden. Wie die anderen Pliosaurier war *Peloneustes* ein Jäger. Wahrscheinlich ernährte er sich hauptsächlich von Ammoniten. Man hat Gehäuse dieser Weichtiere gefunden, die Zahnspuren von *Peloneustes* aufwiesen. Aber auch Tintenfische gehörten zu seinen Beutetieren.

Peloneustes

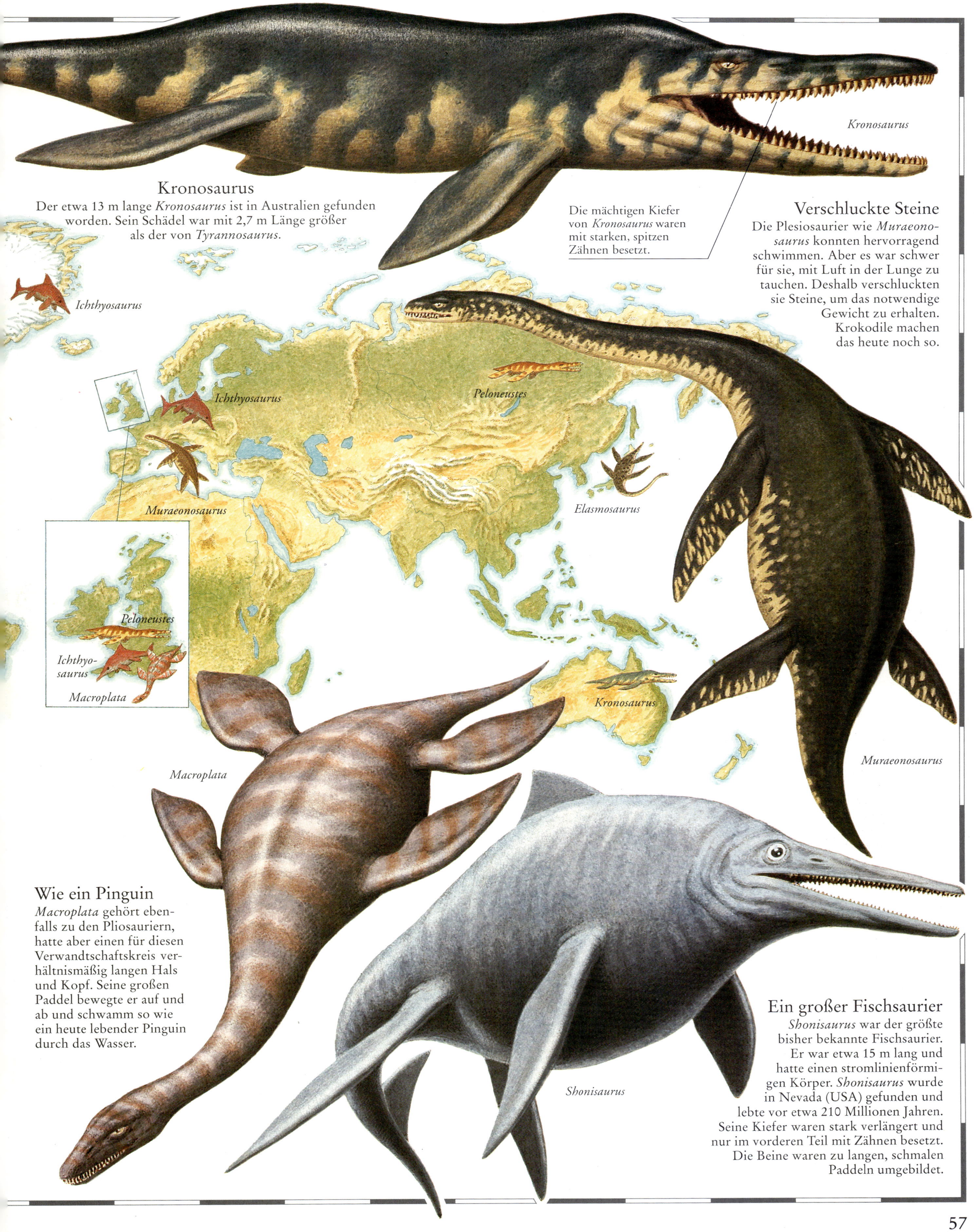

Kronosaurus

Der etwa 13 m lange *Kronosaurus* ist in Australien gefunden worden. Sein Schädel war mit 2,7 m Länge größer als der von *Tyrannosaurus*.

Die mächtigen Kiefer von *Kronosaurus* waren mit starken, spitzen Zähnen besetzt.

Verschluckte Steine

Die Plesiosaurier wie *Muraeonosaurus* konnten hervorragend schwimmen. Aber es war schwer für sie, mit Luft in der Lunge zu tauchen. Deshalb verschluckten sie Steine, um das notwendige Gewicht zu erhalten. Krokodile machen das heute noch so.

Wie ein Pinguin

Macroplata gehört ebenfalls zu den Pliosauriern, hatte aber einen für diesen Verwandtschaftskreis verhältnismäßig langen Hals und Kopf. Seine großen Paddel bewegte er auf und ab und schwamm so wie ein heute lebender Pinguin durch das Wasser.

Ein großer Fischsaurier

Shonisaurus war der größte bisher bekannte Fischsaurier. Er war etwa 15 m lang und hatte einen stromlinienförmigen Körper. *Shonisaurus* wurde in Nevada (USA) gefunden und lebte vor etwa 210 Millionen Jahren. Seine Kiefer waren stark verlängert und nur im vorderen Teil mit Zähnen besetzt. Die Beine waren zu langen, schmalen Paddeln umgebildet.

Flugsaurier

Als 1784 in Süddeutschland der erste Flugsaurier entdeckt wurde, hielt man ihn für ein Meerestier. Es dauerte mehr als 100 Jahre, bis die Lebensweise dieses Tieres richtig erkannt wurde. Die Flugsaurier (Pterosaurier) entwickelten sich bereits in der Obertrias, etwa 70 Millionen Jahre vor dem Urvogel *Archaeopteryx*! Sie waren mit den Dinosauriern verwandt, hatten aber einen neuen Lebensraum erschlossen: die Luft. Bei den Flugsauriern waren die Mittelhandknochen und der vierte Finger der Vorderarme sehr stark verlängert. Zwischen den Vorderarmen, dem verlängerten Finger und dem Körper spannte sich eine Flughaut, so daß die Pterosaurier fliegen konnten. In dieser Ausbildung erinnern sie an die Fledermäuse. Die Flugsaurier starteten ihren Flug von einem Baum oder einer Klippe aus und segelten mit ausgespannter Flughaut durch die Luft. Ein Tier, dessen Flughaut zerrissen war, konnte nicht mehr fliegen und mußte verhungern. Unter den Flugsauriern lassen sich zwei Gruppen unterscheiden. *Rhamphorhynchus* und seine Verwandten tauchten vor 190 Millionen Jahren in der Trias auf und starben am Ende des Jura aus. Der Verwandtschaftskreis um *Pterodactylus* lebte vom Oberjura bis zur Oberkreide.

Ein urtümlicher Flugsaurier

Eudimorphodon gehört zu den ältesten Flugsauriern und war mit *Rhamphorhynchus* verwandt. Die Tiere hatten eine Flügelspannweite von etwa 75 cm. Der durch verknöcherte Sehnen versteifte Schwanz diente während des Flugs als Steuerruder. Der Kopf war im Verhältnis zur Körperlänge groß, aber sehr leicht.

Pteranodon

Dieser Flugsaurier gehört in die Verwandtschaft von *Pterodactylus* und hatte eine Flügelspannweite von 7 m. Das ganze Tier wog etwa 16 kg. *Pteranodon* hatte keine Zähne. Vielleicht flog er knapp über der Wasseroberfläche und fing dabei Fische, die er im ganzen verschluckte. Der hohe Kamm auf dem Schädel bildete ein Gegengewicht zum Maul.

Ein fliegender Fischer

Cearadactylus wurde in Brasilien entdeckt und lebte in der Unterkreide. Auch er war mit *Pterodactylus* verwandt und hatte eine Flügelspannweite von 4 m. Seine Kiefer waren am Vorderende verbreitert und trugen Zähne, die bei geschlossenem Maul nicht übereinander standen, sondern ineinandergriffen. Wie mit einem Kamm fuhr *Cearadactylus* damit durch das Wasser und erbeutete kleine Fische.

Ohne Schwanz

Pterodactylus zeigt alle Merkmale seines Verwandtschaftskreises: Er hatte einen relativ langen Hals und einen großen Kopf, aber keinen Schwanz. Dieser Flugsaurier gehört zu den kleinsten Vertretern der ganzen Gruppe. Seine Flügelspannweite betrug höchstens 75 cm. Wahrscheinlich konnte *Pterodactylus* gut laufen, wobei er die Flügel zusammenfaltete.

Riesig, aber leicht

Der größte bisher entdeckte Flugsaurier ist *Quetzalcoatlus*. Mit einer Flügelspannweite von bis zu 12 m hatte er die Abmessung eines Segelflugzeugs. Dabei wog er nur 65 kg.

Nach außen gebogene Zähne

Von *Rhamphorhynchus* wurden mehrere Skelette im Plattenkalk von Solnhofen (Süddeutschland) gefunden, wo auch *Archaeopteryx* entdeckt wurde. *Rhamphorhynchus* segelte dicht über die Wasseroberfläche und fing Fische, die er mit seinen spitzen, nach außen gebogenen Zähnen schnappte. Der lange Schwanz mit dem Hautlappen diente als Steuerruder.

Ein Flugsaurier mit Fell

Säugetiere haben Haare, Vögel haben Federn, und Reptilien sind gewöhnlich mit Schuppen bedeckt. Auch *Sordes*, ein 1971 in Kasachstan (UdSSR) entdeckter Flugsaurier, scheint ein dichtes Fell gehabt zu haben, das den Wärmeverlust beim Fliegen verhinderte.

Von Anfang bis Ende

Die Dinosaurier sind ausgestorben – und nie hat ein Mensch einen lebenden Dinosaurier gesehen! Die letzten Vertreter dieser Gruppe verschwanden vor 64 Millionen Jahren. Menschen, die so aussehen wie wir, gibt es erst seit etwa 50 000 Jahren. Wir kennen nur Versteinerungen von Dinosauriern. In ihrer langen Geschichte, die mehr als 150 Millionen Jahre umfaßt, traten immer wieder andere Dinosaurier auf und lösten die älteren ab. Auf den nächsten Seiten ist die zeitliche Reihenfolge der Dinosaurier dargestellt.

Vor etwa 64 Millionen Jahren muß etwas geschehen sein, das das Ende aller Dinosaurier bedeutete. Nicht nur sie, sondern auch die Fischsaurier und Flugsaurier sowie die Ammoniten und viele andere Tiergruppen starben aus. Die Gründe dafür sind nicht bekannt. Unerklärlich ist auch, daß die Schildkröten, Echsen, Schlangen und Krokodile, aber auch die Vögel und Säugetiere überlebten. Wie wäre wohl die Entwicklung auf unserer Welt verlaufen, wenn die Dinosaurier nicht ausgestorben wären?

Im Verlauf der Erdgeschichte traten nacheinander andere Dinosaurier auf. Die Zeitangaben auf den nächsten Seiten beziehen sich auf den Zeitpunkt, an dem die jeweiligen Dinosaurier ausstarben.

Trias vor 225-193 Millionen Jahren

Jura vor 193-136 Millionen Jahren

Diplodocus
Vor 138 Millionen Jahren
Camarasaurus
Vor 135 Millionen Jahren
Iguanodon
Vor 110 Millionen Jahren
Triceratops
Vor 64 Millionen Jahren
Oviraptor
Vor 70 Millionen Jahren
Brachiosaurus
Vor 128 Millionen Jahren
Deinonychus
Vor 100 Millionen Jahren
Baryonyx
Vor 120 Millionen Jahren
Hypsilophodon
Vor 110 Millionen Jahren
Archaeopteryx
Vor 120 Millionen Jahren
Protoceratops
Vor 75 Millionen Jahren
Jura vor 193-136 Millionen Jahren
Kreide vor 136-64 Millionen Jahren

Ein ewiges Rätsel

Vielleicht wird es niemals eine Antwort auf die Frage geben, warum eine Tiergruppe, die mehr als 150 Millionen Jahre lang die Vorherrschaft auf der Erde hatte, ohne Ausnahme ausgestorben ist. Nicht nur die Dinosaurier starben am Ende der Kreidezeit aus, sondern auch ganze Gruppen von wirbellosen Meerestieren. Die Säugetiere und die Blütenpflanzen standen dagegen erst am Beginn ihrer Entwicklung und breiteten sich in einer Fülle von Arten über die ganze Erde aus. Von den Dinosauriern weiß man nicht einmal, ob sie ganz plötzlich oder nur allmählich verschwanden. Ein plötzlicher Tod könnte der Fall gewesen sein, wenn ein Meteor auf die Erde geprallt wäre, ein langsames Aussterben, wenn sich das Klima auf der Erde allmählich verändert hätte.

Der Tod aus dem Weltraum

Ständig fallen Meteoriten auf die Erdoberfläche; sie sind aber so klein, daß niemand sie bemerkt. Ein Himmelskörper mit einem Durchmesser von 10 bis 15 km würde jedoch einen 150 km großen Krater in die Erdkruste reißen – und der wäre nicht zu übersehen. Wenn sich vor 64 Millionen Jahren eine solche Katastrophe ereignet hat, müßten Wolken von Staub und Wasserdampf hoch in die Atmosphäre geschleudert worden sein. Jahrelang, vielleicht jahrzehntelang hätten sie die Erde verdunkelt. Es wäre sehr kalt geworden, und die großen Dinosaurier hätten keine Chance gehabt zu überleben. Aber warum sind auch die Fischsaurier im Meer gestorben? Warum haben viele andere Tiergruppen dennoch überlebt?

Der langsame Tod

Ein allmähliches Aussterben der Dinosaurier könnte durch eine Klima-Änderung erfolgt sein. Gegen Ende der Kreidezeit waren die Kontinente auseinandergebrochen, und ausgedehnte Ozeane entstanden. Der Meeresspiegel sank, und die durchschnittliche Lufttemperatur ging zurück. Das Klima wurde weltweit wechselhaft, es gab Jahreszeiten. Diesem kurzfristigen Wechsel waren die Dinosaurier vielleicht nicht gewachsen. Sie waren bei der Regelung ihrer Körpertemperatur auf eine gleichbleibende Außentemperatur und ein ausgeglichenes Klima angewiesen. Die Anzahl nahm immer mehr ab, und schließlich verschwanden sie ganz.

Register